호주가이버 홈베이킹

우리 집에 빵집을 차렸다

호주가이버 홈베이킹

우리 집에 빵집을 차렸다

온유서가

안녕하세요 호주가이버입니다.

책으로 인사 드리게 되리라고는 상상도 못했었는데 이렇게 글을 쓰고 있습니다.

빵에 대한 열정과 애정, 혹은 베이킹에 대한 순수한 기쁨으로 책 출간까지 하게 되었다고 말씀 드리고 싶지만, 현실은 사업을 접고 거의 백수로 지내며 이것저것 좋아하는 빵을 만들다 보니 여기까지 오게 되었습니다. 워낙 빵을 좋아하는 빵돌이가 시간이 많다 보니 '집에서 쉽게 빵을 만들 순 없을까?'를 고심하고 연구하며 굽게 되었습니다. 거의 매일을 구우며 엄청난 잉여의 빵들을 지인들에게 나눠 주게 되었고, 그렇게 제 베이킹 인생이 시작되었습니다. 2017년 초에 빵 만들기를 본격적으로 시작했으니 올해까지 약 7년 정도 되었네요.

제 베이킹의 모토는 '집빵인데 어렵게 할 거 있나'입니다. '쉽고 간단하게 맛있는 빵 만들면 최고'라는 생각으로 기존의 레시피들을 줄이고 붙여 여러 시행착오를 거친 끝에 제대로 된 빵이 나오면 레시피로, 그리고 유튜브 영상으로 만들어 왔습니다.

지인 중에 손자에게 쿠키를 구워주고 싶은데 한 번도 해본 적이 없어서 겁이 난다는 분이 있었습니다. 베이킹에 입문하는 것이 어렵게 느껴지고 학원에 다녀 배워야 하는 것 아닌가 하시더라고요. 빵 만들기는 과학이 맞습니다. 재료를 저울로 정확하게 중량을 달아 넣고 반죽 온도도 수시로 체크하면서 만들어야 항상 일정한 모양, 맛, 그리고 결과가 나오는 건데요. 비즈니스로 빵집을 한다면 항상 그 룰을 따라 만드는 게 맞습니다.

하지만 '집빵이라면, 좀 편한 마음으로 대충 만들어도 좋지 않을까?'하는 생각입니다. 빵에 설탕을 컵으로 넣었는데 오늘은 100g, 어제는 103g 그리고 내일은 97g이 들어갔다고 해서 크게 맛이나 식감이 다를 것 같지는 않거든요.

아주 오래 전 제가 중학생일 때 집에 전기 오븐을 갖게 되었는데, 생일과 같은 특별한 날이면 카스텔라와 버터 쿠키를 누나들과 함께 구웠습니다. 달걀 흰자 머랭 치기는 항상 저의 몫이었고 휘핑기가 없어 어깨가 빠질 정도로 저었지만, 그래도 집안 가득 퍼지는 달콤한 빵 냄새가 많이 좋았습니다.

지금도 빵을 구울 때면 집안 가득 빵 굽는 냄새가 너무 좋습니다.
빵 냄새는 제게 행복감을 느끼게 해줍니다.
정말 쉽고 간단하게 만들 수 있는 빵들이 엄청나게 많습니다.
집빵 안 해보신 분들이라면 꼭 해보시라고, 행복이 함께 온다고 권해드리고 싶습니다.

감사합니다.

책 제작에 도움주신 분들
원숙연, 도은주, 권은경, 손서윤, 박혜진 & 호주가이버와 호빵들 카페 여러분

차례

이 책의 활용법　　　　8

도구 이야기　　　　12

재료 이야기　　　　17

자주 쓰는 베이킹 용어　　21

Part 1 ——— 매일 만들어 먹는 식사빵

포카치아　　　　27

양파 치즈빵　　　31

아티산 브레드　　35

치아바타　　　　39

단팥빵　　　　　43

소보로빵　　　　47

모닝빵　　　　　51

건포도 식빵　　　55

우유 식빵　　　　59

밤 식빵　　　　　63

모카빵　　　　　67

모카번　　　　　71

소금빵　　　　　75

소시지빵　　　　79

시나몬 풀어파트빵　83

바게트　　　　　87

사워도우빵　　　91

크루아상　　　　95

Part 2 ——— 몸이 가벼워지는 건강빵

통밀 바나나빵　　101

통밀 당근빵　　　105

오트밀 브레드　　109

통밀 식빵　　　　113

통밀 베이글　　　117

Part 3 ——— 선물하기 좋은 구움과자

호박빵　　　　　123

오렌지 파운드 케이크　127

초콜릿 머핀　　　131

레몬 쿠키　　　　135

아마레티 아몬드 쿠키　139

초코칩 쿠키　　　143

서브웨이 스타일 쿠키　147

오트밀 쿠키　　　151

레몬 마들렌　　　155

휘낭시에　　　　159

Contents

파운드 케이크   163

애플 시나몬 빵   167

머핀 바닐라·블루베리·초코칩·크랜베리   171

잉글리시 스콘   175

대파 스콘   179

레몬 브라우니   183

초콜릿 브라우니   187

호두 파이   191

비스코티   195

대만식 카스텔라   199

에그 타르트   203

마카롱 말차·초콜릿   207

퀸아망   211

Part 5 ───────── **추억의 맛**

단호박 인절미   231

옥수수빵 1960년대 급식빵   235

야채 호빵   239

알아두면 좋은 레시피

르방 만들기   244

팥 앙금 만들기   248

제누아즈 만들기   251

Part 4 ───────── **특별한 날의 케이크**

바스크 치즈 케이크   217

뉴욕 치즈 케이크   221

티라미수   225

상황별 베이킹 찾아보기   254

부록 ____ 뜯어쓰는 레시피 난이도 별 3개 이상

❶ 모든 제작 과정을 동영상을 보며 익힐 수 있습니다.

❷ 난이도와 소요시간을 넣어 베이킹 시작 전 빵을 선택하는 데에 도움을 줍니다.

❸ 재료와 도구를 한 눈에 볼 수 있어 미리 준비하기 수월합니다.

❹ 직접 만들어 본 독자들의 생생한 후기를 참고해 진행할 수 있습니다.

❺ 오븐 예열 시점을 명확히 구분하여 예열 시점을 놓치지 않도록 하였습니다.

❻ 과정 중간에 유용한 팁을 넣어 실수를 줄일 수 있도록 도와줍니다.

❼ 찾아보기를 통해 자신의 상황에 맞는 빵을 빠르게 찾아볼 수 있습니다.

❽ 뜯어 쓰는 레시피로 책이 오염되는 일 없이 베이킹 할 수 있습니다.

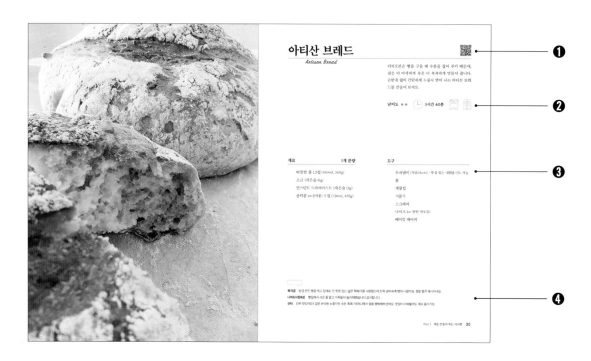

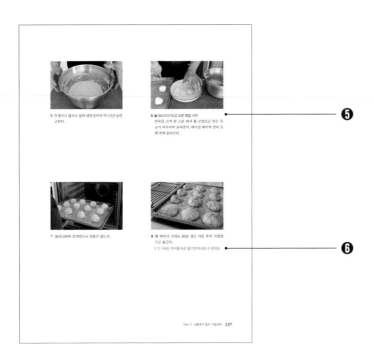

5 뚜껑이나 랩으로 덮어 냉장실에서 약 1시간 동안 굴린다.

6 🔥 180(356)도로 오븐 예열 시작
반죽을 크게 한 스푼 떠서 둥근 모양으로 만든 후 슈가 파우더에 굴려준다. 베이킹 페이퍼 깔아 둔 팬 위에 올려준다.

7 180도(356) 컨벡션으로 15분간 굽는다.

8 팬 위에서 그대로 30분 정도 식힌 후에 식힘망으로 옮긴다.
⸻ 갓 구워진 쿠키를 바로 옮기면 부서질 수 있어요.

상황별 베이킹 찾아보기

5분 반죽 빵

치아바타 ⸻ 39
몽블랑 바나나빵 ⸻ 101
몽블랑 당근빵 ⸻ 105
오트밀 브레드 ⸻ 109
호밀빵 ⸻ 123
초콜릿 버터 ⸻ 131
레몬 쿠키 ⸻ 135
시프레이 스타일 무기 ⸻ 167
오트밀 쿠키 ⸻ 151
레몬 마들렌 ⸻ 155
휘낭시에 ⸻ 159
바스크 치즈 케이크 ⸻ 217
옥수수빵 ⸻ 235

No 버터

양파 치즈빵 ⸻ 31
아티산 브레드 ⸻ 35
치아바타 ⸻ 39
단호박빵 ⸻ 43
모닝빵 ⸻ 51
건포도 식빵 ⸻ 55
밤 식빵 ⸻ 63
소시지빵 ⸻ 79
바게트 ⸻ 87
사워도우빵 ⸻ 91
몽블랑 바나나빵 ⸻ 101
몽블랑 당근빵 ⸻ 105
오트밀 브레드 ⸻ 109
몽블랑 식빵 ⸻ 113

몽블랑 베이글 ⸻ 117
호밀빵 ⸻ 123
오렌지 파운드 케이크 ⸻ 127
초콜릿 버터 ⸻ 131
아마레티 아몬드 쿠키 ⸻ 139
애플시나몬빵 ⸻ 167
비스코티 ⸻ 195
대만식 카스텔라 ⸻ 199
바스크 치즈 케이크 ⸻ 217
티라미수 ⸻ 225
단호박 인절미 ⸻ 231
옥수수빵 ⸻ 235
파베 호빵 ⸻ 239

NO 발효

몽블랑 바나나빵 ⸻ 101
몽블랑 당근빵 ⸻ 105
오트 브레드 ⸻ 109
몽블랑 식빵 ⸻ 113
몽블랑 베이글 ⸻ 117
호밀빵 ⸻ 123
오렌지 파운드 케이크 ⸻ 127
초콜릿 버터 ⸻ 131
레몬 쿠키 ⸻ 135
아마레티 아몬드 쿠키 ⸻ 139
효르빵 쿠키 ⸻ 143
시프레이 스타일 무기 ⸻ 167
오트밀 무기 ⸻ 151
레몬 마들렌 ⸻ 155

휘낭시에 ⸻ 159
파운드 케이크 ⸻ 163
애플 시나몬빵 ⸻ 167
녹차른 마들렌 · 초콜릿 코팅케이 ⸻ 171
싱글리쉬 스콘 ⸻ 175
대파 스콘 ⸻ 179
레몬 브라우니 ⸻ 183
초콜릿 브라우니 ⸻ 187
호두파이 ⸻ 191
비스코티 ⸻ 195
대만식 카스텔라 ⸻ 199
에그 타르트 ⸻ 203
바게트 앞바 소콘 ⸻ 207
바스크 치즈 케이크 ⸻ 217

뉴욕 치즈 케이크 ⸻ 221
티라미수 ⸻ 225
단호박 인절미 ⸻ 231
옥수수빵 msot섹 내용식빵 ⸻ 235
파베 호빵 ⸻ 239

단팥빵 (8개 분) | 베이킹팬 | p.42~45

반죽
버지 (2배 물 2/3컵)240ml, 160g)
설탕 2큰술(30ml, 45g)
소금 1/2작은술(3g)
식용유 2큰술(30ml, 25g)
인스턴트 드라이 이스트 1.5작은술(5g)
실온의 우유 2컵(480ml, 290g)

+ 팥앙금 필링금 400~800g
+ 에그워시 달걀 물이나 소량
+ 가니시 볼색 약간

반죽 재료 순서대로 모두 섞기
⸻ 손반죽 → 1차 발효 30분
⸻ 8등분하여 중간 발효 15분
⸻ 찰성금 넣어 성형
⸻ 2차발효 30분 → 에그워시(또가니시)
굽기: 180도 10분~12분

소보로빵 | 베이킹 팬 | p.000

반죽
강력분(or중력분) 2+1/2컵(600ml, 365g)
설탕 1/3컵(80ml, 65g)
소금 (작은술(6g)
인스턴트 드라이이스트 1작은술(3g)
따뜻한 우유 2컵(240ml, 240g)
버터 2큰술(30ml) ⸻ 실온

+ 토핑 소보로
버터 3큰술(45g), 땅콩버터 1큰술(15g), 설탕 4큰술(30g), 소금 1작은술, 베이킹 파우더 1작은술, 중력분(or2/2컵(120ml, 75g)

반죽 재료 순서대로 모두 섞기
⸻ 손반죽 → 1차 발효 1시간
⸻ 소보로 만들기(소보로 재료 모두 섞어 오슬오슬하게)
⸻ 팽 반죽 8등분하여 둥글리기 성형
⸻ 소보로 올려 8등분 2차발효 45분~60분
굽기: 180도 20분

모닝빵 | 베이킹 팬 | p.000

반죽
밀물 끓인 물 1컵)240ml, 240g), 빔 가루 1/4컵(60ml, 40g)
완 우유 1/4컵(60ml, 60g)
설탕 3큰술(30ml, 40g)
소금 1/2작은술(3g)
식용유 1/2컵)120ml, 60g)
전지분유 1/2컵(120ml, 60g)
인스턴트 드라이 이스트 1작은술(5ml, 3g)
사용유 2큰술(30ml, 25g)
강력분(or중력분 2.5컵(600ml, 365g)

+에그워시 달걀 1개, 우유 1큰술(15ml, 11g)

팥을 만들어서 반죽 재료로 섞기
⸻ 손반죽 → 1차 발효 1시간
⸻ 12등분하여 둥글리기 중간 발효 15분
⸻ 다시 둘려서 길어 둥글린 성형
⸻ 2차발효 30분
굽기: 180도 45분~50분

건포도식빵 | 식빵 틀 | p.000

반죽
박력분 물 1컵)240ml, 240g)
굵게 생밤(즉설탕) 4큰술(50g)
소금 1/2작은술(6g)
인스턴트 드라이이스트 1.5작은술(5g)
시나몬 파우더 1/2작은술(5g)
식용유 3큰술(45g)
몽밀가루 1컵(140g)
중력분(or 강력분) 2컵(290g)
건포도 1컵(160g~240g)

+에그워시 달걀 1개, 우유 2큰술

반죽 재료 순서대로 모두 섞기
⸻ 손반죽 → 1차 발효 1시간
⸻ 반죽 펼쳐놓고 건포도 돌려서 말기
⸻ 남작하게 눌러 3겹 접기 → 식빵 틀에 맞게 잡아주기
⸻ 2차 발효 40분 → 에그워시 후 굽기
굽기: 180도 35분~40분

도구 · 재료 이야기
자주 쓰는 베이킹 용어

오븐

컨벤셔널 오븐   20세기 후반 가정용 오븐의 대부분은 가스나 전기를 열원으로 하는 컨벤셔널 오븐이었습니다. 컨벤셔널 오븐은 공기를 순환시키는 팬이 없는 오븐으로, 빠르게 가열할 수는 있으나 온도조절이 쉽지 않고 오븐 내 온도가 고르지 않은 단점이 있습니다.

컨벡셔널 오븐   최근 많이 사용되는 가정용 오븐은 컨벡셔널 오븐입니다. 팬과 배기 시스템이 함께 제공되어 내부에서 뜨거운 공기를 순환시키고, 보다 일정한 온도로 가열을 촉진하는 오븐입니다. 팬으로 인해 골고루 전달된 열은 빵의 겉면을 바삭하게 만들거나 갈색으로 만드는 것을 더 용이하게 해줍니다. 보통의 경우 팬을 켠 채로 사용하는데 혹은 팬을 끄고 컨벤셔널 모드로 사용할 수도 있습니다.

전자레인지 컨벡션 오븐(광파오븐)   전자레인지 기능에 열선과 팬이 추가되어 컨벡션 오븐의 기능을 함께 갖고 있는 오븐입니다. 이 오븐의 큰 장점은 마이크로웨이브와 열선, 두 가지로 굽기 때문에 조리가 빨리 된다는 것과 음식이 오븐 내에서 돌기 때문에 열 전달이 고르게 된다는 점입니다. 단점은 같은 베이킹을 했을 때 일반 오븐에서 구워낸 과자나 빵에 비해 식감이 좀 떨어질 수 있다는 점입니다

오븐 사용 .... *Tip*

컨벡셔널 오븐에서 180도면 컨벤셔널 오븐 200도와 같은 정도로 구워진다고 보면 됩니다. 다만 열이 세기 때문에 카스텔라나 수플레, 커스터드 계열은 골고루 부풀지 않을 수 있습니다.
이 책이나 영상에 나오는 굽기 부분에서 '컨벡션으로 200도'라 함은 팬 돌리고 200도로 굽는다는 것이니 참고해주세요.

계량컵

1컵은 보통 물을 마시는데 사용하는 물컵의 크기로 보면 됩니다. 대부분의 유럽과
미국에서는 240ml를 사용하고 있고 호주, 뉴질랜드, 캐나다 등의 국가들에서는 주
로 250ml를, 그리고 일본과 한국에서는 200ml를 주로 사용합니다.

g은 중량이고 ml는 부피이며 물은 중량과 부피가 동일합니다. 이 책에서 사용하는
컵의 부피는 240ml입니다.

1컵에 들어가는 주재료의 양 (1컵=240ml)

물	설탕	밀가루
240g	200g	145g

계량스푼

보통의 경우 베이킹에 사용하는 계량스푼은 1큰술 15ml 이고 1작은술은 5ml 입니다.

1큰스푼 = 1큰술 = 1테이블스푼(1T)
1작은스푼 = 1작은술 = 1티스푼(1ts)

재료별 용량

계량스푼	기본용량	물 or 우유	설탕	소금	밀가루 or 이스트
1큰술	15ml	15g	12g	18g	9g
1작은술	5ml	5g	4g	6g	3g

스크래퍼

도우 반죽(제빵용)에 주로 사용하며 플라스틱 혹은 스테
인리스 제품이 있습니다. 젖은 재료와 마른 재료를 섞어
줄 때 사용하기도 하고 반죽을 나누거나 작업대를 정리
할 때 주로 사용합니다.

도우반죽: 베이킹 용어 참조하세요.(p.21)

거품기

액체와 가루를 섞어 주거나 빠르게 휘핑하여 크림이나 머랭을 만들 때 주로 사용합니다. 주로 가볍게 섞어 주는 경우에 사용하며, 머랭을 만들 때는 강도와 속도가 필요하므로 핸드믹서나 스탠드믹서를 사용하는 편이 좋습니다.

핸드믹서

보통 2개의 거품기 날을 끼울 수 있게 되어 있으며 주로 휘핑크림이나 머랭을 만들 때 사용합니다

핸드블랜더

흔히 '도깨비 방망이'라 부르는 전동 기구입니다. 주로 야채를 다지거나 덩어리를 곱게 갈아주는 데에 사용합니다. 팥앙금, 호박죽 등 조리 시, 삶은 재료를 갈아줄 때 사용하면 좋습니다.

짤주머니 & 깍지

반죽이나 생크림, 아이싱 등을 넣고 팬에 짜거나 모양을 낼 때 사용합니다. 깍지라고 부르는 다양한 형태의 노즐을 끼워 사용합니다.

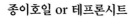

종이호일 or 테프론시트

쿠키나 빵이 팬에 늘러 붙는 걸 방지합니다.

체

액체는 내리고 내용물만 걸러 준다거나 덩어리를 문질러 곱게 내려 주는 데에 사용하기도 합니다. 베이킹에서는 밀가루와 다른 재료를 섞거나 뭉치지 않게 할 때 주로 사용합니다.

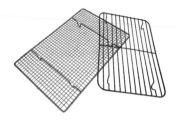

식힘망

갓 구워낸 빵을 식힐 때 사용합니다. 바닥에서 2cm
정도 올라가 있어 빵이 수분으로 인해 짓무르는 것
을 방지합니다.

볼

볼은 베이킹 할 때 반죽 재료를 담고
섞어주는데 주로 사용하는 큰 그릇으
로 용도와 재료의 양에 따라 크기가
다른 볼을 사용합니다.

스패츌러

반죽 재료를 섞거나 크림 등을 펼쳐주
는데 사용되며, 반죽을 볼에서 깨끗하
게 덜어낼 때도 사용합니다.

저울

항상 정확하게 동일한 결과를 내기 위
해서는 저울로 중량을 재서 사용하면
좋습니다.

타이머

발효 시간이나 굽는 시간을 설정하며
알림 기능이 있습니다.

브러시

반죽 위에 달걀 물이나 액체를 발라
줄 때 사용하는 붓입니다.

나이프

사워도우나 바게트 빵 등을 만들 때 칼
집(쿠프)을 내기 위해 사용하며 주로
날이 얇은 면도날을 사용합니다.

베이킹 틀

① 식빵 틀 & 파운드 케이크 틀

② 머핀 틀

③ 케이크 틀

원형	6인치(지름 15cm), 8인치(지름 20cm), 9인치(지름 23cm), 11인치(지름 28cm)
정사각형	6인치(13cm×13cm), 8인치(18cm×18cm), 9인치(20cm×20cm), 11인치(25cm×25cm)

④ 타르트 틀 & 파이 틀

⑤ 휘낭시에 틀 & 마들렌 틀

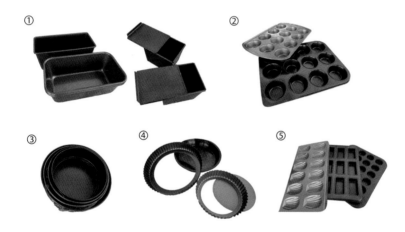

초보자를 위한 베이킹 기본 도구

식빵 볼, 계량컵, 계량스푼, 거품기, 스크래퍼, 브러시, 식빵 틀

파운드 케이크 볼, 계량컵, 계량스푼, 핸드믹서, 스패츌러, 파운드 케이크 틀

쿠키 볼, 계량컵, 계량스푼, 거품기, 스패츌러, 종이호일, 베이킹 팬,

밀가루

밀가루는 간단하게 단백질(글루텐: 밀에 들어있는 천연 단백질) 함량에 따라 세 가지
로 분류합니다.

종류	단백질 함량	주로 만드는 빵
강력분	13%~14%	제빵(식빵 등)
중력분	10%~12%	다용도
박력분	8%~9%	제과(파운드 케이크, 쿠키 등)

밀봉하여 서늘한 곳에 보관

통밀가루

통밀가루는 껍질을 벗긴 붉은 밀알을 갈아 만든 것으로 일반 밀가루보다 더 많은 섬
유질과 기타 영양소를 제공합니다. 통밀은 일반적으로 빵이나 쿠키를 더 단단하게
만들고 거친 식감을 주며, 밀가루보다 유통 기한이 짧습니다.

밀봉하여 서늘한 곳에 보관

이스트

베이킹용 이스트의 종류

우리가 빵을 만들 때 주로 사용하는 이스트는 생이스트, 액티브 드라이이스트, 인스
턴트 드라이이스트 세 가지입니다.

인스턴트 드라이 이스트	마른 재료에 바로 섞어 주면 되고 효과가 좋습니다.
액티브 드라이 이스트	따뜻한 물이나 우유 한 컵에 설탕 1큰스푼과 함께 넣어 저어주고 10~15분 정도 충분히 활성화 시켜 거품이 많이 생긴 후 사용합니다.
생 이스트	액티브 드라이이스트와 동일하게 활성화 시켜 사용합니다.

이스트의 양은 레시피에서 인스턴트 드라이이스트의 양이 1인 경우에 액티브 드라이이스트는 2배
를 넣어주고 생이스트는 4배를 넣어 주면 됩니다.

이스트의 생사 확인: 따뜻한 물에 설탕과 함께 넣었을 때 거품이 많이 발생하면 살아있는 이스트,
거품이 거의 없거나 안 생기면 사용 불가한 이스트입니다.

개봉 후 냉동 보관

Tip .... 이스트 발효 잘 하는 법

온도 40도(100F) 정도의 따뜻한 온도와 높은 습도에서 발효가 잘 됩니다. 따라서 물이나 우유를 따뜻하게 해서 넣어주면 좋습니다. 달걀이나 요거트 등의 재료들도 실온 상태로 만들어 넣어 주는 것이 좋습니다.

주의할 점 액티브 드라이이스트는 50도(120F) 이상이면 사멸, 인스턴트 드라이이스트는 60도(130F) 이상이면 사멸하니 반죽 온도가 많이 올라가지 않게 해주세요.

수분공급 반죽을 젖은 천으로 덮어 수분이 공급되게 해주는 것도 좋은 방법입니다.

따뜻한 오븐에서 발효하기 오븐을 50도(120F) 혹은 최저 온도로 맞춰 1~2분 정도만 돌리고 꺼주면 오븐 내부가 훈훈하게 발효하기 좋은 상태가 됩니다. 반죽을 이 오븐 안에 넣고 발효해 주면 됩니다. 오븐에 발효 기능이 추가된 거라면 그 기능 이용하시면 됩니다.

소금, 설탕과 이스트의 관계

이스트를 부풀게 하는 데에 설탕이 도움을 주지만, 그렇다고 설탕이 빵을 더 많이 부풀게 해주는 것은 아닙니다. 그리고 흔히 소금이 이스트를 죽인다고 하는데 많은 양의 소금이 아니면 거의 이스트에 해가 없다고 하니 참고해주세요.

베이킹 소다 & 베이킹 파우더

베이킹 소다	소금처럼 자연에서 추출한 천연 미네랄입니다. 알칼리성이며, 산성인 밀가루를 만나면 반응해 기포를 발생합니다. 이 기포에 의해 빵이 부풀게 되는 것입니다. 많이 넣을 경우 쓴맛을 남기는 단점도 있습니다. 그리고 같은 알카리성의 재료와는 반응이 안 됩니다.
베이킹 파우더	베이킹 소다에 산(소듐 애시드)을 섞어 놓은 것입니다. 산과 알칼리가 함께 있기에 물만 만나면 바로 반응을 일으키게 됩니다. 산성인 밀가루만 놓고 봤을 때, 같은 양이라면 베이킹 소다가 훨씬 더 잘 부풀게 해주므로 같이 사용하면 좋습니다.

Tip .... 베이킹소다 1=베이킹파우더 2~3으로 대체 가능

밀봉하여 서늘한 곳에 보관

설탕

설탕은 달콤한 맛을 내는 역할 외에도 물과 쉽게 결합해 수분을 가둬 빵이나 쿠키가 쉽게 마르지 않도록 하는 중요한 역할을 합니다. 또한 빵이나 쿠키를 만들 때 글루텐의 발달을 억제하기도 하며 이스트가 쉽게 발효되도록 도와주기도 합니다. 쿠키나 파운드 케이크에서 조직을 지탱하고 유지하는 데에도 도움을 주며 방부제 역할을 합니다.

밀봉하여 서늘한 곳에 보관

버터

우유의 지방과 단백질을 굳혀서 만든 것이 버터입니다. 냉장 상태에서는 고체이지만 상온에서는 쉽게 펴 바를 수 있을 정도로 부드러워집니다.

Tip .... 가염 버터의 경우 들어가는 소금의 양이 브랜드마다 조금씩 달라, 베이킹에선 주로 무염 버터를 사용합니다.

밀봉하여 냉동보관

바닐라 익스트랙과 바닐라 에센스

베이킹에 바닐라 추출물인 바닐라 익스트랙을 사용하는 이유는 설탕, 우유 등과 같은 다른 재료의 풍미를 향상시키기 때문입니다. 또한 가장 중요한 역할 중 하나는 달걀의 비린내를 없애는 것입니다. 달걀을 많이 사용하는 카스텔라를 만들 때 바닐라 익스트랙을 사용하면, 특유의 바닐라 향을 내주는 동시에 달걀 비린내도 잡을 수 있습니다. 바닐라 익스트랙은 천연 바닐라 추출물이고 바닐라 에센스는 화학적으로 바닐라의 풍미를 만들어 낸 것입니다.

개봉 후 냉장보관

달걀

달걀은 빵이 부푸는 것을 도와주는 역할을 합니다. 또한 달걀 노른자는 빵의 질감을 부드럽게 만들어줍니다.
반죽에서는 빵 모양을 형성함에 안정성을 주며, 기타 소스와 커스터드 크림에서는 이를 걸쭉하게 만들고 유화시키는 데 도움을 줍니다. 케이크 및 쿠키에 수분을 더하며 접착제 역할을 하기도 합니다. 달걀은 실온 상태로 사용하는 것이 좋으며, 만약 냉장실에 있던 것을 바로 사용해야 하는 경우라면 따뜻한 물에 10여 분 정도 담갔다가 사용하면 좋습니다. 물 온도가 지나치게 높다면(70도 이상) 달걀이 익을 수 있으니 주의하세요.

식용유

식용유는 겉면이 딱딱해지는 걸 막아주고, 겉은 바삭 속은 촉촉하게 해주는 역할을 합니다. 재료들을 결합하게 하며 모양을 보존하고 보관하기 용이하게 하는 역할을 합니다. 식용유는 가격이 높고 녹여 쓰는 번거로움이 있는 버터를 대체하여 사용합니다. 다만 올리브유나 코코넛유는 특유의 맛과 향으로 빵의 풍미가 달라질 수 있으니 향이 약한 식용유를 쓰는 것이 좋습니다.

Tip .... 제가 사용하는 식용유는 쌀겨유(Rice bran oil)이며 가정에서 많이 쓰는 포도씨유나 카놀라유 등을 사용해도 좋습니다.

휘핑용 크림

휘핑용 크림은 유지방 함량 35%인 크림으로, 그냥 사용하기도 하고 휘핑하여 크림을 만들어 사용하기도 합니다. 미국에서는 35%이상 유지방 함량 크림을 헤비 크림(Heavy cream)이라고 부르며 한국에서는 동물성 생크림이라고 부릅니다. 식물성 생크림은 팜유나 야자유 같은 식용유에 향료나 설탕 같은 첨가물을 넣은 대체용 크림입니다.

생크림과 볼이 차가울 때 휘핑하면 휘핑이 더 잘 되는데, 과하게 휘핑을 할 경우 분리 현상이 생길 수 있어 핸드믹서 고속으로 2분 이하로 휘핑하는 것을 권장합니다.

휘핑한 크림은 보통 실온에서 1~2시간, 냉장의 경우 1~2일 정도 그 상태를 유지하지만, 사용하기 전에 바로 휘핑하는 것이 가장 좋습니다.

자주 쓰는 베이킹 용어

반죽

베이킹에서의 반죽은 크게 두 가지 바터(batter) 반죽과 도우(dough) 반죽으로 나눌 수 있습니다.

도우반죽	손반죽 또는 기계반죽으로 진행하며 성형이 가능한 정도의 수분을 함유하고 있습니다. 주로 발효빵, 스콘, 쿠키, 파이를 만들 때 쓰는 단단한 반죽을 말합니다.
바터반죽	도우에 비해 수분 함량이 높아 손으로 성형이 거의 불가능한 반죽입니다. 케이크를 만들 때와 같이 묽게 흐르는 반죽을 말합니다.

니딩(Kneading, 치대주기)

이스트가 들어간 발효 반죽의 경우 손이나 기계로 반죽을 치대주는 공정이 있습니다. 밀가루에 함유된 글루텐이 이 공정을 통해 고무줄처럼 늘어나는 성질을 갖게 되며 오래 치대줄수록 글루텐화가 잘 되어 반죽이 부드러워집니다. 반죽을 늘렸을 때 반죽이 끊어지지 않고 속이 비칠 정도까지 잘 늘어나면 잘 된 반죽입니다. 이런 좋은 반죽을 위해서는 손반죽으로 10분 이상 치대주어야 합니다. 하지만 손반죽의 경우 3분 이상을 계속하게 되면 손목에 무리가 올 수 있으므로 이 책에선 최소한으로 하여 3분(100번) 손반죽을 권합니다.

무반죽: 베이킹에서 무반죽은 보통 치대주는 공정(kneading)이 없는 반죽을 말합니다.

예열

오븐 예열은 빵이나 쿠키 등을 안에 넣기 전에 오븐 안의 온도를 해당 레시피의 굽는 온도까지 올려 놓는 과정입니다. 오븐을 켜고 원하는 온도를 설정하면 되는데, 일반적인 오븐의 경우 예열이 완료된 시점을 알려주는 신호음이 있거나 혹은 오븐을 사용할 준비가 되면 꺼지는 표시 등이 있습니다. 보통의 컨벡셔널 오븐의 경우 180도(355F)까지는 6~7분, 200도(390F)는 8~10분 정도 걸립니다.

제스트(zest)

제스트는 레몬, 라임, 오렌지, 귤 등 감귤류 과일의 얇은 외피입니다. 레몬 등의 맛을 첨가하기 위해 반죽에 섞을 수 있도록 껍질을 그레이터나 강판을 이용해 얇게 벗겨서 사용합니다.

휘핑(Whipping)

휘핑용 크림이나 달걀 흰자를 핸드믹서를 이용해 빠르게 저어 공기와 혼합되게 하여, 무게는 가볍게 하고 부피는 늘려주는 공정입니다..

에그워시(Egg wash)

굽기 전 빵 반죽의 표면에 달걀물을 발라 빵의 색상이나 광택을 좋게 하기 위한 공정입니다. 달걀 하나를 잘 섞어서 발라주거나, 달걀 흰자 또는 달걀 노른자만 바르기도 하고 또는 달걀에 물이나 우유 1큰술을 섞어 바르기도 합니다.

글레이즈(Glaze)

빵이나 쿠키를 구운 후에 맛을 더하거나 모양을 좋게 하기 위해 아이싱 등을 액체 상태로 얇게 발라주는 것입니다.

아이싱(Icing, 프로스팅frosting)

아이싱 또는 프로스팅은 크리미한 설탕물로 케이크, 빵, 쿠키 등을 코팅하거나 장식하는 데 사용됩니다.

설탕을 물 또는 우유에 녹인 것으로 버터, 머랭, 크림치즈, 레몬즙 등 향료을 넣어 함께 사용하기도 합니다.

발효

도우반죽에서 이스트를 활성화 시켜주는 공정입니다. 식빵을 만드는 경우 1차 발효, 중간 발효, 2차 발효 이렇게 세 번의 발효를 진행 합니다.

1차 발효 : 반죽에 들어간 이스트가 활성화 되기를 기다리는 시간으로 손반죽이나 기계반죽(치대주기 공정)을 해준 반죽의 경우 반죽의 크기가 2배 정도 될 때까지 실내 또는 따뜻한 오븐에 넣고 기다립니다.

일반적으로는 40~60분 정도 걸리는데, 짧게는 15분 정도만 하는 경우도 있고 치대주기를 안 한 무반죽 빵을 만들 때는 90~120분 그리고 르방(천연발효종)을 이용한 반죽의 경우 8~12시간 정도 걸리기도 합니다.

중간발효 : 릴렉싱 공정이라고 보면 됩니다. 1차 발효가 끝난 반죽에서 가스를 빼주면

반죽이 살짝 단단해지는 경향이 있는데, 이 때 반죽이 마르지 않게 윗부분을 덮어주고 10~20분 정도 쉬게 하면 반죽이 이완되어 성형하기 좋은 부드러움을 갖게 됩니다.

2차 발효 : 성형을 완료한 반죽이 1.5~2배 정도의 부피가 될 때까지 기다리는 공정입니다. 이스트가 발효되면서 반죽 안에 가스가 형성되어 반죽이 부풀게 됩니다.

Tip ·················· 1차 발효는 빠른 이스트 활성화를 위해서 낮은 온도로 1~2분 돌려 따뜻하게 데워준 오븐 안에서 해주면 좋고, 중간 발효는 실온의 작업대에서, 그리고 2차 발효는 실온에서 하거나 온기가 남아있는 오븐 안에 넣어서 하면 좋습니다.

전기밥솥으로 1차 발효를 할 경우에는 보온으로 3분 정도만 켰다가 끄고 전원을 차단한 후 밥솥에 넣고 발효하면 좋습니다.

자세한 발효 조건 등은 (p.17 재료 이야기_이스트 부분) 참조하세요.

르방(sourdough starter)

주로 사워도우 빵을 만들 때 쓰는 천연 발효종입니다. 밀가루와 물로 구성되어 있는데 밀가루가 물과 섞이게 되면 밀가루에 들어있는 자연적으로 발생하는 효모와 박테리아가 발효되기 시작하고 보통 5~7일 정도 계속 밀가루와 물을 보충해주면 발효가 왕성해져서 빵에 넣어 사용할 수 있을 정도의 튼튼한 르방이 만들어집니다. 발효빵을 만들 때 이스트 대신 넣거나 함께 넣어 사용할 수 있는 빵의 팽창제입니다. 르방은 베이킹 몰에서 쉽게 구매할 수 없으며 집에서 밀가루와 물을 사용해 직접 만들어야 합니다.

자세한 사항은 (p.244 르방만들기) 참조하세요.

매일 만들어 먹는 식사빵

포카치아
Focaccia

밀가루, 물, 소금을 넣어 납작하게 굽는 이탈리아의 대표적인 플랫브레드 포카치아입니다. 구운 버터와 구운 마늘을 넣어 더욱 향긋한 포카치아를 힘든 반죽 없이 쉽게 만들어보세요.

난이도 ★★   2시간 10분

재료	1개 분량	도구
빵 반죽		베이킹 팬
따뜻한 물 2컵 (480ml, 480g)		볼
설탕 2큰술 (30ml, 26g)		계량컵
소금 2작은술 (10ml, 12g)		거품기
인스턴트 드라이이스트 2작은술 (10ml, 6g)		스크래퍼
올리브 오일 6큰술 (90ml, 90g).		브러시
강력분 (or 중력분) 4컵 (960ml, 580g)		
토핑		
가염 버터 (or 무염버터+소금 한 꼬집) 4큰술 (55g)		
다진 마늘 4개		

Bora Kim 진짜 너무 맛있었어요! 겉바속촉 그리고 버터갈릭향이 온 집안에 풍기는데 너무 향긋하고 그냥 먹어도 너무 맛있었어요!!

Jung YK 어제 해먹었는데 반죽 식감이 너무 좋네요. 바로 구웠을 때 버터로 인한 겉부분 바삭함도 좋고요. 2배합해서 한 판은 알려주신 마늘소스 또 한 판은 소시지랑 양파 올려 구워서 하루 만에 다 먹었어요. 맛나고 쉬운 레시피 감사합니다.

엠마 포카치아 너무 맛있어요~! 방울토마토 마리네이드한 거랑 야채랑 치즈 넣어서 먹으니 세상 부러울 게 없네요.

1 볼에 따뜻한 물 2컵(480g), 설탕 2큰술(26g), 소금 2작은술(12g), 인스턴트 드라이이스트 2작은술(6g)을 넣고 거품기로 잘 저어 설탕과 소금을 녹인다.

2 올리브 오일 4큰술(60g), 밀가루 2컵(290g)을 넣고 거품기로 잘 섞는다.

3 남은 밀가루 2컵(290g)을 모두 넣고 스크래퍼로 마른 가루가 안 보일 때까지 섞은 후, 올리브 오일 1큰술(15g)을 볼 바닥과 반죽 표면에 골고루 발라준다.

4 랩으로 덮어 반죽이 2배가 될 때까지 약 1시간 1차 발효한다.

5 식용유 발라준 팬에 올리브 오일 1큰술(15g)을 올리고 그 위에 반죽 꺼내 반죽 바닥에 오일을 충분히 묻히고, 반죽 뒤집어 틀에 맞게 손으로 늘려가며 펼쳐준다.

6 약 30분간 2차 발효한다.
💧 180도(355F)로 오븐 예열 시작

7 가염 버터 4큰술(55g)에 다진 마늘 4개를 넣고 잘 섞은 후, 브러시로 반죽 위에 골고루 발라준다.

8 180도(355F) 컨벡션으로 약 20분 굽는다.

이렇게 먹어도 맛있어요   *Yummy*

✚ 마늘버터 바른 윗면에 올리브나 햄, 양파, 치즈 등 원하는 토핑을 올려서 구우면 포카치아 피자 완성!

✚ 포카치아를 가로로 반 잘라 루꼴라와 토마토 넣어 샌드위치로 먹는 것도 추천!

양파 치즈빵
Onion Cheese Bread

면역력 강화에도 좋고 동맥경화, 고혈압 등 성인병 예방에도 좋은 양파가 듬뿍 들어간 빵입니다. 익을수록 단맛이 진해지는 양파와 고소한 치즈의 조합으로, 맛도 좋고 한 끼 식사 대용으로도 좋은 양파 치즈빵을 만들어 보세요.

난이도 ★★★   1시간 40분

재료	대형 사이즈 2개 분량	도구

빵 반죽

따뜻한 물 3/4컵 (180ml, 180g)

설탕 1큰술 (15ml, 13g)

소금 2/3작은술 (4g)

인스턴트 드라이이스트 1작은술 (3g)

식용유 1큰술 (15ml, 13g)

중력분 (or 강력분) 2컵 (480ml, 290g)

토핑

양파 1개 (180g)

모차렐라 치즈 1.5컵 (150g)

마요네즈 5큰술 (100g)

파슬리 가루 약간

도구

베이킹 팬

볼

계량컵

거품기

스크래퍼

칼

스패츌러

Rublecat 양파치즈빵에 소시지와 케첩을 더해서 만들었더니 완전 피자빵 완성! 식사 시간도 아닌데 만들자마자 온 식구 갑자기 식사타임! 대만족이었고요.

니나 이거 벌써 5번을 넘게 해먹었어요. 정말 간단한 거에 비해 말도 안되게 맛있고요. 처음에는 집에 양파가 많아서 처리하려고 만들었는데, 이제는 이거 만들려고 양파를 구매합니다. 많은 분들이 알았으면 좋겠어요.

Ello 정말 쉽게 뚝딱 만들어서 가족이랑 먹었는데 대성공이었네요! 카페/베이커리에서 2년 알바 했었는데 가게에서 파는 거랑 맛이 완전 똑같았어요. 집에서도 이렇게 쉽게 만들 수 있다는 게 너무 신기하고요. 좋은 레시피 감사합니다.

1 볼에 따뜻한 물 3/4컵(180g), 설탕 1큰술(13g), 소금 2/3작은술(4g)을 넣고 거품기로 섞는다.

2 인스턴트 드라이이스트 1작은술(3g), 밀가루 1컵(145g)을 넣고 거품기로 충분히 잘 섞은 후, 식용유 1큰술(13g)을 추가하고 잘 섞는다.

3 남은 밀가루 1컵을 모두 넣고 스크래퍼로 섞은 후, 볼에서 꺼내 3분(100번) 손반죽한다.

4 다시 볼에 넣어 젖은 천으로 덮고, 30분간 1차 발효한다. 발효가 끝나면 반죽을 여러 번 접어 가스를 빼고 2개로 분할해 볼 모양으로 만든다.

! 기호에 따라 4개, 6개로 분할해도 됩니다.

5 반죽 윗면을 비닐로 덮고 10분간 중간 발효한 다음, 식용유 바른 베이킹 팬에 팬닝하고 납작한 타원형이 되게 손으로 누르며 늘려 펼쳐준다. 겉면 마르지 않게 비닐로 덮어둔다.

6 🔥170도(335F)로 오븐 예열 시작
양파 1개를 얇게 썰어 모차렐라 치즈 1.5컵(150g)과 마요네즈 듬뿍 5큰술(100g), 약간의 파슬리 가루와 함께 섞는다.

7 반죽 위에 토핑 나눠 올리고 가장자리까지 충분히 덮도록 잘 펼쳐준다.

8 170도(335F) 컨벡션으로 약 25분간 굽는다.

이렇게 먹어도 맛있어요   *Yummy*

✚ 취향에 따라 모차렐라 치즈를 더 올려도 좋고, 케첩, 토마토 소스, 햄, 옥수수 등을 올려도 맛있게 먹을 수 있답니다.

아티산 브레드
Artisan Bread

더치오븐은 빵을 구울 때 수분을 잡아 주기 때문에, 겉은 더 바삭하게 속은 더 촉촉하게 만들어 줍니다. 손반죽 없이 간단하게 누룽지 맛이 나는 아티산 브레드를 만들어 보세요.

난이도 ★★　　 3시간 40분　　　

재료	1개 분량

재료 **1개 분량**

따뜻한 물 1.5컵 (360ml, 360g)

소금 1작은술 (6g)

인스턴트 드라이이스트 1작은술 (3g)

중력분 (or 강력분) 3컵 (720ml, 435g)

도구

무쇠냄비 (지름24cm) - 뚜껑 있는 내열용기도 가능

볼

계량컵

거품기

스크래퍼

나이프 (or 양면 면도칼)

베이킹 페이퍼

북극곰　방금 만든 빵을 먹고 있어요. 전 뚜껑 있는 넓은 뚝배기를 사용했는데 진짜 겉바속촉 빵이 나왔어요. 정말 좋은 레시피네요.

나비&사랑&핀　빵집에서 사온 줄 알고 가족들이 놀라워했습니다 감사합니다.

샨티　진짜 맛있어요!! 겉은 바삭한 누룽지맛 속은 촉촉! 어머니께서 엄청 행복해하셨어요. 맛있어서 배불러도 계속 들어가요.

1 따뜻한 물 1.5컵(360g)에 소금 1작은술(6g), 인스턴트 드라이이스트 1작은술(3g)을 넣고 거품기로 잘 섞는다.

! 물 온도는 40도 정도가 적당해요. 온도가 50도(120F) 이상이 되면 이스트가 죽을 수 있어요.

2 밀가루 3컵(435g)을 넣고 가루가 안 보일 때까지 섞는다.

3 실온상태에서 뚜껑 덮고, 반죽이 2~3배 될 때까지 약 2시간 1차 발효한다.

4 밀가루 충분히 뿌린 작업대에 반죽 꺼내어 4번 정도 접어준 후, 뒤집어 동그랗게 모양을 잡는다.

5 볼로 덮어주고 약 40분간 2차 발효한다.

6 🔥 230도(440F)로 오븐 예열 시작
오븐 안에 더치 오븐 넣은 채로 오븐 예열을 시작한다.

7 반죽 아랫부분을 스크래퍼로 밀어 살짝 원형을 만들고, 베이킹 페이퍼를 잘라 밀가루 충분히 뿌린 위에 올려준다.

! 베이킹 페이퍼가 길어야 손잡이 역할을 할 수 있어요.

8 예열이 완료되면 더치 오븐 꺼내어 두고, 반죽 위에 칼로 스코어링 해준 후 더치 오븐에 넣는다.

9 뚜껑 덮은 상태에서 230도(440F)로 30분 굽고, 뚜껑 연 상태에서 200도(390F)로 낮춰 10분 더 굽는다.

치아바타
Ciabatta

납작하고 기다란 모양이 슬리퍼 같이 생겨 이름 붙여진 이탈리아 빵 치아바타입니다. 재료도 간단하고 손반죽도 필요 없어서 누구나 손쉽게 만들 수 있습니다.

난이도 ★★   3시간 30분

재료	2개 분량	도구
물 1컵 (240ml, 240g)		베이킹 팬
설탕 1큰술 (15ml, 12g)		뚜껑 있는 용기
소금 1작은술 (5ml, 6g)		계량컵
올리브오일 2큰술 (30ml, 30g)		거품기
인스턴트 드라이이스트 2작은술 (6g)		스크래퍼
강력분 (or 중력분) 2컵 (480ml, 290g)		베이킹 페이퍼

0720 bcn   영상 보자마자 바로 해먹었는데 진짜 너무 맛있었어요. 아무것도 곁들이지 않아도 맛있어서 너무 놀랐습니다. 남편이 유럽인이라서 바게트며 치아바타며 이런 빵을 식사 중 꼭 곁들여야 할 정도로 중요하게 생각하는 사람인데요. 해주고 엄청 칭찬받았어요!

진짜루   오늘 만들었는데 제과점에 파는 것처럼 맛있다고 남편이 칭찬해줬어요. 안은 촉촉하고 부드럽고! 겉은 바삭한데 딱딱하지 않아서 더 맛있더라고요. 치아바타는 이거로 정착!!!

1 뚜껑 있는 넓은 용기에 반죽 재료를 모두 넣고 마른 가루가 안 보일 정도로 잘 섞는다.

2 뚜껑 덮고 실온에서 30분간 1차 발효한다.

3 손에 물 묻혀가면서 반죽 폴딩 4번 하고 뚜껑 덮어 30분간 2차 발효한다. 같은 작업을 두 번 더 반복한다.

(2차 발효 30분 ⇨ 폴딩 ⇨ 3차 발효 30분 ⇨ 폴딩 ⇨ 4차 발효 30분)

❗ 기호에 따라서 올리브나 치즈를 반죽에 넣어도 좋아요.

4 밀가루 충분히 뿌린 작업대에 반죽 꺼내 반죽 위에도 밀가루 충분히 뿌린 뒤, 2등분하여 긴 타원형으로 만든다.

❗ 4등분이나 6등분해도 되어요.

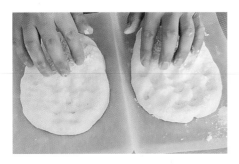 

5 팬 위에 베이킹 페이퍼 깔고 분할한 반죽 옮긴 후, 펼치며 눌러 가스를 빼준다. 마른 천으로 덮어 약 1시간 발효한다.

💧 발효 끝나기 10분 전, 220도(425F)로 오븐 예열 시작.

6 220도(425F)로 팬을 돌리지 않고 10분 구운 후, 180도로 온도 낮춰 15분간 더 굽는다.

단팥빵

Sweet Red Bean Bread

식을수록 더 부드러워지는 마술같은 빵입니다. 어린 반죽으로 하기에 발효 시간도 짧고 누구나 쉽고 간단하게 만들어 먹을 수 있습니다.

난이도 ★★★   2시간

재료 8개 분량	도구
미지근한 물 2/3컵 (160ml, 160g)	베이킹 팬
설탕 2큰술 (30ml, 25g)	볼
소금 1/2작은술 (3g)	계량컵
식용유 2큰술 (30ml, 25g)	거품기
인스턴트 드라이이스트 1.5작은술 (5g)	스크래퍼
중력분 (or 강력분) 2컵 (480ml, 290g)	브러시 - 에그워시용
팥앙금 400g~800g ✚ 팥앙금 만들기 참조하세요 (p.248)	베이킹 페이퍼
달걀 풀어서 소량 - 에그워시용	
참깨 약간 - 가니시용	

Amy street 그대로 따라 하니 정말로 전문가가 만든 것처럼 되었어요. 반죽된 밀가루를 만졌을 때의 부드럽고 폭신한 느낌은 정말로 좋은 경험입니다. 따라하기 쉽게 그리고 정확하게 설명해주셨습니다.

단지 오늘 따라해봤는데 레시피 정말 좋아요. 겉바속촉 미쳤습니다. 저는 팥이 많은 걸 안 좋아해서 반으로 줄여서 만들었더니 딱 좋았어요! 아빠께서 정말 맛있다고 그 자리에서 3개나 드셨답니다! 좋은 레시피 정말 감사해요!

해나 항상 단과자빵을 만들면 빵이 부드럽지 않고 퍽퍽 딱딱해서 왜 이럴까 했는데, 호주가이버님 단팥빵 레시피로 구운 빵은 표면이 부들부들했어요. 버터가 아닌 오일로 해서 그런지 2배합 손반죽으로도 굉장히 쉽고 편하게 만들었습니다!! 이제 단과자 반죽은 이걸로 정착할게요!

1 볼에 미지근한 물 2/3컵(160g), 설탕 2큰술(25g), 소금1/2작은술(3g)을 넣고 거품기로 설탕과 소금을 녹인다.

2 식용유 2큰술(25g), 인스턴트 드라이이스트 1.5 작은술(5g), 밀가루 1컵(145g)을 넣고 거품기로 잘 저어 섞는다.

3 남은 밀가루 1컵(145g)을 넣고 스크래퍼로 접어 주듯 반죽해 한 덩어리로 만들어지면 꺼내어 손 반죽한다.

4 젖은 천으로 덮어 따뜻한 오븐 안에 넣고 30분간 1차 발효한다. 발효가 끝난 후 덧가루 사용하면서 여러 번 접어주고, 8등분하여 볼 모양으로 만든다.

5 랩으로 살짝 덮어 15분간 중간 발효한다. 중간 발효하는 동안 팥 앙금을 50g~100g단위로 동그랗게 뭉쳐 놓는다.

! 팥 앙금은 실온 상태로 사용하세요.

! 호두 잘게 다져 팥 앙금에 섞어주면 더 맛있어요.

6 반죽을 바닥에 펼쳐놓고 팥 앙금을 올려 잘 오므려준다. 이음매 부분이 아래로 가게 하여 동그랗게 굴려준 후, 납작하게 눌러 팬 위에 올린다.

7 손가락으로 반죽 가운데 부분을 바닥에 닿도록 확실하게 눌러준다. 오븐 안에 넣고 30분간 2차 발효한다.

8 🔥 180도(355F)로 오븐 예열 시작
달걀 1개를 풀어 반죽 윗면에 발라준다.
❗ 많이 바르면 밑으로 흘러 달라붙을 수 있어요.

9 참깨를 살짝 올려준다.
❗ 가운데 움푹한 부분에 호두 반 개씩 넣어도 좋아요.

10 180도(355F) 컨벡션으로 약 10분~12분 정도 굽는다.

소보로빵
Soboro bread

난이도 ★★★　　　2시간 40분　　

일본의 멜론빵과 비슷하기도 하고 독일의 슈트로이젤에서 비롯되었다 하기도 하는 소보로빵입니다. 어디에서 시작된 빵인지 명확하진 않지만 대중에게 오랜 시간 사랑 받아 온 빵입니다. 한국의 대표적인 빵 세 가지를 꼽는다면 한 자리 꼭 차지할 만큼 많은 사람들이 좋아하는 소보로빵을 만들어 보세요.

재료	8개 분량	도구

빵 반죽

강력분 (or 중력분) 2.5컵 (600ml, 365g)

설탕 1/3컵 (80ml, 65g)

소금 1작은술 (6g)

인스턴트 드라이이스트 1작은술 (3g)

우유 1컵 (240ml, 240g) - 따뜻하게 데워 준비하세요.

무염 버터 2큰술 (30g) - 실온 상태

소보로 반죽

무염 버터 3큰술 (45g)

땅콩 버터 1큰술 (15g)

설탕 4큰술 (50g)

소금 1꼬집

베이킹 파우더 1꼬집

중력분 1/2컵 (120ml, 75g)

도구

베이킹 팬

볼

계량컵

거품기

스크래퍼

스패츌러

Ara Nam　빵을 너무 좋아하는 빵순이예요. 어제 처음 소보로를 만들어봤는데 정말 거짓말 안 보태고 태어나서 먹어본 빵 중에 제일 맛있었어요. 너무너무 감격스럽게 맛있어서 이 기쁨을 나누고 싶은데 남편 퇴근하기 전까지 먹일 사람이 없어 아쉬울 정도였답니다.

아녕　여러분 제발 소보로빵 이거 보고 만들어주세요! 성공해서 주변 사람들한테도 나눠주고 칭찬받았어요.

굿데이　이 레시피대로 했더니 소보로빵이 어쩜 이렇게 이쁘게 나올 수가~ 제가 하고도 너무 잘나와서 놀랐어요~! 맛도 적당히 달달하면서 고소했어요~가족들이 이제 베이커리 안가도 되겠다고 칭찬을 하네요.

1 볼에 밀가루 1컵(145g)과 빵 반죽 재료를 모두 넣어 거품기로 잘 섞은 후, 남은 밀가루 1.5컵(220g)을 넣고 스크래퍼로 접어 주듯 섞어 한 덩이로 만든다.

! 밀가루를 한꺼번에 다 넣으면 뻑뻑해서 거품기로는 섞을 수가 없어요.

2 반죽 꺼내 손반죽하고 약 1시간 1차 발효한다.

! 반죽이 많이 질면 덧가루 조금 사용하세요.

3 볼에 실온 버터 2큰술(45g), 땅콩버터 1큰술(15g), 설탕 4큰술(50g), 소금 한 꼬집을 넣고 스패츌러로 잘 섞은 후, 베이킹 파우더 한 꼬집과 중력분 1/2컵(75g)을 넣고 섞어 포슬포슬한 소보로를 만든다.

4 반죽 여러 번 접어 가스를 빼고 8등분해 동그란 볼 모양으로 만든다.

5 소보로를 작업대에 깔고, 볼 모양 반죽을 뒤집어 잡은 후 물에 살짝 담근다. 물이 묻은 면을 소보로 위에 꾹 눌러 소보로를 묻혀준다.

6 반죽 크기 2배가 될 때까지 약 45분~60분간 2차 발효한다.
　💧 발효가 끝난 후 180도(355F)로 오븐 예열 시작

7 180도(355F)로 팬 돌리지 않고 약 20분 굽는다.

이렇게 먹어도 맛있어요

Yummy

✚ 빵 겉면에 붙은 소보로를 좋아한다면, 소보로 반죽을 레시피의 1.5배로 합니다.
　위아래로 듬뿍 묻히면 소보로의 달콤 바삭한 매력이 급상승!

모닝빵

Dinner roll

아침에 커피와 함께하기 좋은 부드러운 모닝빵입니다. 탕종(풀)이 들어가 촉촉함이 배가 되어, 입안도 속도 편안하게 느껴지는 빵입니다.

난이도 ★★★　　　2시간 30분　　

재료	12개 분량	도구
끓인 물 1컵 (240ml, 240g)		베이킹 팬
밀가루 1/4컵 (60ml, 40g)		볼
찬 우유 1/4컵 (60ml, 60g)		계량컵
설탕 3큰술 (30ml, 36g)		거품기
소금 1/2작은술 (3g)		스크래퍼
전지분유 1/2컵 (120ml, 60g)		브러시 - 에그워시용
인스턴트 드라이이스트 1작은술 (5ml, 3g)		
식용유 2큰술 (30ml, 25g)		
강력분 (or 중력분) 2.5컵 (600ml, 365g)		
달걀 1개 + 우유 1큰술 (15ml, 15g) - 에그워시용		

콩이이모　우와! 저 맨날 발효 망쳤었는데, 이번에는 어쩐 일인지 빵이 몽실몽실하고 쫄깃쫄깃하게 완성됐어요!!! 손반죽할 때부터 뭔가 느낌이 좋더라니.. 덕분에 맛있게 먹었네요~!

포동이딸기　가이버님 어제 만들었어요~ 폭신폭신 모닝빵을 생각했는데 아니더라고요. 뭐야 했는데 맛보니까 너무 맛있어요. 따뜻한 대로 식은 대로 맛나요 또 만들려고요.

예압　엄청 맛있어요. 2배양으로 해서 한 판 먹고 한 판은 냉동생지처럼 아침에 구우니 빵모닝 엄청 편합니다!!

1 끓인 물 1컵(240g)에 밀가루 1/4컵(40g)을 넣고
  바로 거품기로 빠르게 저어 섞으면 탕종(풀)이
  된다.
  ! 조금 밀가루 덩어리진 부분이 있어도 괜찮아요.

2 차가운 상태의 우유 1/4컵 (60g)을 뜨거운 풀 위
  에 부어 풀을 식혀준다. 그대로 5분 정도 두었다
  가 거품기로 섞는다.

3 설탕 3큰술(36g), 소금 1/2작은술(3g), 전지분
  유 1/2컵(60g), 인스턴트 드라이이스트 1작은술
  (3g), 식용유 2큰술(25g), 밀가루 1컵(145g)을 넣고
  거품기로 잘 섞는다.

4 남은 밀가루 1.5컵(220g)을 다 넣고 스크래퍼로
  한 덩이가 될 때까지 섞고, 반죽 꺼내 100번 손
  반죽한다.
  ! 풀이 들어가 있어 반죽이 질어요. 덧가루 살짝 사
    용하세요.

5 반죽을 훈훈한 오븐 안에 넣고 약 1시간 1차 발
  효한다. 발효가 끝난 반죽을 밀가루 뿌린 바닥에
  올리고 여러 번 접어 가스를 빼준다.
  ! 훈훈한 오븐: 오븐을 50도로 약 2분 돌렸다 꺼주
    면 오븐 안이 훈훈해져 1차 발효하기 좋은 상태가 되
    어요.

6 반죽을 12등분하여 동그란 볼 모양으로 만들고,
  마르지 않게 윗면 덮어 15분간 중간 발효한다.

7 반죽 뒤집어 펼쳐주고 안으로 모아 잡고, 다시
  뒤집어 손으로 굴려 볼 모양으로 만들어 준 후
  식용유 발라준 팬(or 유산지 깐 팬)위에 올린다.

8 켜지 않은 오븐에 넣어 약 45분간 2차 발효한다.

9 ◌ 180도(355F)로 오븐 예열 시작
  달걀 1개에 우유 1큰술을 섞어 만든 달걀 물을 빵
  윗면에 발라준다.
  ! 많이 바르면 아래로 흘러 팬에 붙을 수 있어요.

10 180도(355F) 컨벡션으로 8분 굽고,
   160도(320F)로 온도 낮추어 8분 더 굽는다.

건포도 식빵
Raisin Bread

바쁜 아침에 간단히 버터만 발라 커피와 함께 하면 소소한 행복을 느낄 수 있어요.

난이도 ★★★　　 2시간 30분　　　

재료	1개 분량	도구
따뜻한 물 1컵 (240ml, 240g)		식빵 틀 (13cm×23cm×8cm)
갈색 설탕 (or 흑설탕) 4큰술 (50g)		볼
소금 1/2작은술 (3g)		계량컵
인스턴트 드라이이스트 1.5작은술 (5g)		거품기
시나몬 파우더 1/2작은술 (2g)		스크래퍼
식용유 3큰술 (45g)		브러시 - 에그워시용
통밀가루 1컵 (140g)		
중력분 (or 강력분) 2컵 (290g)		
건포도 1컵~1.5컵 (160g~240g)		
달걀 1개 + 우유 2큰술 - 에그워시용		

슈미　처음 보는 빵인데 맛있어 보여서 만들어봤는데 대성공했네요. 이 빵 너무 맛있어요!! 내일 또 만들어야겠어요~!

Cherry_jyuville　집에서 만들어 먹었는데 정말 기가 막혀요. 빵 자체는 달지 않은데 건포도가 들어가서 달아요. 신랑이 파는 것 보다 100배는 맛있다고 하네요.

우유 식빵
Milk Bread

탕종(풀)이 들어가면 빵이 더 부드러워지고 촉촉해 집니다. 탕종은 만나절 저온 숙성해서 사용하셔도 좋은데 바로 만들어 사용해도 아주 부드럽고 촉촉 한 빵이 만들어집니다.

난이도 ★★★   3시간

재료	1개 분량	도구
끓인 물 1컵 (240ml, 240g)		식빵 틀(13cm×23cm×9cm)
밀가루 1/4컵 (60ml, 40g)		볼
차가운 우유 1/4컵 (60ml, 60g)		계량컵
설탕 2큰술 (30ml, 24g)		거품기
소금 1/2작은술 (3g)		스크래퍼
전지분유 1/2컵 (120ml, 60g)		브러시
인스턴트 드라이이스트 1작은술 (5ml, 3g)		
강력분 (or 중력분) 2.5컵 (600ml, 365g)		
무염 버터 2큰술 (30ml, 30g) - 실온 상태		
달걀 1개 + 우유 1큰술 (15ml, 15g) - 에그워시용		

조회수
Best 1

sungkyeongKim   오늘 레시피대로 만들었는데 진짜 대박입니다!! 식빵만 세 번째 도전이었는데 드디어 진짜 한국 스타일 우유식빵 성공입니다! 다른 탕종 레시피 보고 엄두가 안 났는데 호주가이버님 덕분에 너무 쉽게 맛있는 빵 만들었어요.

정미   진짜 맛있고 쉬워서 두 번 해먹었어요!! 덕분에 매일 행복한 빵냄새가 온 집안에 가득합니다.

Dina jung   이대로 빵을 구웠는데..진짜 최고였습니다. 초보가 가족들에겐 완전 프로 빵순이가 되었습니다.

1 끓인 물 1컵(240g)에 밀가루 1/4컵(40g)을 넣고
   바로 거품기로 빠르게 저어 섞으면 탕종(풀)이
   된다.
   ! 조금 밀가루 덩어리진 부분이 있어도 괜찮아요.

2 차가운 상태의 우유 1/4컵(60g)을 뜨거운 풀 위
   에 부어 풀을 식힌다. 그대로 약 5분 두었다가 거
   품기로 섞는다.

3 설탕 2큰술(24g), 소금 1/2작은술(3g), 전지분
   유 1/2컵(60g), 인스턴트 드라이이스트 1작은술
   (3g), 밀가루 1컵(180g)을 넣고 거품기로 섞는다.

4 남은 밀가루 1컵(185g)을 모두 넣고 스크래퍼로
   한 덩어리가 될 때까지 섞는다.

5 반죽을 작업대로 꺼내 실온 상태의 무염 버터 2
   큰술(30g)을 넣어 100번 손반죽한다.
   ! 풀이 들어가 있어 손반죽할 때 끈적거려요. 덧가루
   살짝 사용하세요.

6 반죽을 훈훈한 오븐 안에 넣고 1시간 1차 발효한
   다. 발효가 끝난 반죽을 밀가루 뿌린 바닥에 올
   린 후, 여러 번 접어 가스를 뺀다.
   ! 훈훈한 오븐: 오븐을 50도로 2분만 돌렸다 꺼주면
   오븐 안이 발효하기 좋은 온도가 되어요.

7 반죽을 3등분하여 동그란 볼 모양으로 만들고, 마르지 않게 윗면 덮어 15분간 중간 발효한다.

8 반죽 뒤집어 늘려 양쪽 3겹 접어 눌러 주기를 2번 한 뒤, 위에서부터 말아준다. 이음매 부분을 잘 마무리해준다.

9 이음매를 아래로 가게 하여 식용유 발라준 빵 틀에 나란히 넣고, 켜지 않은 오븐에 넣어 약 40분~60분간 2차 발효한다.

10 🔥 180도(355F)로 오븐 예열 시작
달걀 1개에 우유 1큰술을 섞어 만든 달걀 물을 빵 윗면에 발라준다.
❗ 많이 바르면 아래로 흘러 팬에 붙을 수 있어요.

11 180도(355F) 컨벡션으로 약 35분간 구워준다.
❗ 15분정도 지나 윗면의 색이 진해지면 호일을 덮어 타는 걸 막아줄 수 있어요.

12 오븐에서 꺼낸 빵은 빵 틀에서 10분간 그대로 두었다가 식힘망으로 옮긴다. 1시간 이상 완전하게 식혀준 후 잘라준다.

밤 식빵
Chestnut Bread

난이도 ★★★ **2시간 40분**

달콤하게 졸인 오독한 밤이 들어간 밤 식빵입니다. 부드러운 빵 속에 씹는 맛이 일품인 밤이 들어가 달콤함을 더하고, 토핑으로 크럼블이나 아몬드를 올려 고소함을 더해줍니다.

재료	1개 분량	도구

빵 반죽

따뜻한 물 2/3컵 (160ml, 160g)

설탕 3큰술 (45ml, 36g)

소금 1/2작은술 (3g)

인스턴트 드라이이스트 1작은술 (5ml, 3g)

중력분 (or 강력분) 2컵 (480ml, 290g)

달걀 1/2개 (25g) - 실온 상태

식용유 1큰술 (15ml, 13g)

전지 분유 2큰술 (30ml, 16g)

필링

설탕에 졸인 밤 1컵 (150g)

토핑

실온 무염 버터 (25g)

설탕 2큰술 (30ml, 25g)

달걀 1큰술 (15ml, 15g)

중력분 3큰술 (45ml, 25g)

베이킹 파우더 한 꼬집

아몬드 슬라이스 약간

도구

로프 틀(10cm×10cm×21cm)

볼

계량컵

거품기

스크래퍼

스패츌러

체

짤주머니

밀대

사쁘사쁘 너무 맛있어 보여서 오늘 바로 만들어 먹었어요. 진짜 맛있더라고요. 에프로 굽느라 추가로 160도에 15분 더 돌려줬더니 맛있게 완성 되었어요. 쭉쭉 찢어지는 쫄깃한 식빵결과 달콤한 빵 덕분에 온 가족이 즐거운 간식타임을 가졌어요.

1 볼에 밀가루 1컵을 제외한 모든 반죽 재료를 넣고 거품기로 잘 저어 섞는다.

2 남은 밀가루 1컵(145g)을 모두 넣고 스크래퍼로 한 덩이가 될 때까지 섞는다.

3 손반죽 100번 한 후, 동그랗게 만들어 볼에 다시 넣는다.
젖은 천으로 덮어 훈훈한 오븐 안에 넣고 약 1시간 1차 발효한다.

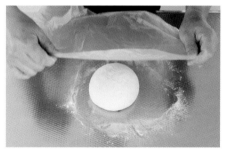

4 덧가루 사용하면서 반죽을 여러 번 접어 가스를 빼주고 동그란 볼 모양으로 만든다.
랩으로 덮어 15분 중간 발효한다.

5 밀대로 반죽을 밀어 가로 20cm, 세로 40cm 크기로 펼쳐주고, 설탕에 졸인 밤 1컵(150g)을 올려 골고루 펼쳐준다. 한쪽에서부터 말아 준다.

6 이음매가 아래로 향하도록 하여 식용유 발라준 빵 틀에 넣는다.
랩으로 덮어 오븐에서 약 40분 2차 발효한다.
! 오븐은 꺼 둔 채로 발효하세요.

7 볼에 실온의 무염 버터(25g), 설탕 2큰술(25g)을 넣어 거품기로 잘 섞고, 달걀 1큰술(15g)을 넣고 섞는다.

8 밀가루 3큰술(25g)과 베이킹 파우더 1꼬집을 체 쳐 넣고 스패츌러로 잘 섞은 후, 반죽을 짤주머니에 넣어둔다.

9 ○170도(335F)로 오븐 예열 시작
짤주머니에 넣어 둔 크럼블 반죽을 2차 발효가 끝난 반죽의 윗면에 골고루 짜준다. 소량의 아몬드 슬라이스도 올려준다.

10 170도(335F) 컨벡션으로 20분 구운 후, 윗면이 타지 않게 호일로 덮어 10분 더 굽는다.

모카빵

Mocha Bread

난이도 ★★★　 2시간 45분　

향긋한 커피향과 바삭한 쿠키가 어우러진 포근한 모카빵입니다. 오랜 시간 대중의 사랑을 받아온 매력적인 모카빵을 집에서도 간단히 만들어보세요.

재료　　　　　　　　　　　　　　2개 분량

빵 반죽

따뜻한 물 2/3컵 (160ml, 160g)

설탕 1/4컵 (60ml, 50g)

소금 1/2작은술 (3g)

인스턴트 커피 가루 1큰술 (6g)

인스턴트 드라이이스트 1작은술 (3g)

식용유 2큰술 (30ml, 30g)

중력분 (or 강력분) 2컵 (480ml, 290g)

건포도 1/2컵 (80g)

쿠키 반죽

커피 1큰술 (6g)

뜨거운 물 1작은술 (5g)

가염 버터 3큰술 (45g) - 실온 상태
✚ 무염 버터 + 소금 한 꼬집으로 대체 가능

설탕 1/4컵 (60ml, 50g)

달걀 1/2개 (30g) ✚ 남은 달걀은 성형할 때 반죽 위에 발라주세요.

중력분 (or 박력분) 3/4컵 (180ml, 110g)

베이킹 파우더 1작은술 (3g)

도구

베이킹 팬

볼

계량컵

거품기

스크래퍼

체

스패츌러

밀대

브러시

일회용 비닐

두리뭉실　어제 남편이랑 만들어먹었는데 너무 잘됐어요. 뜨거울 때 바로 뜯어서 먹었더니 떡이 돼서 잘못됐나 했었는데 충분히 식었다가 뜯으니 빵결이 진짜 완전 맛있었어요.

Sehee Kim　너무 그립고 먹고 싶었던 모카빵 처음으로 성공했어요!! 저같이 대충 빵 만드는 사람도 성공하게 만드는 호주가이버님 레시피 최고입니다.

Jay Ku　최고예요! 재료가 간단해서 사실 큰 기대 안 했는데, 빵집에서 사 먹는 것보다 맛있으면 어째요!

1 따뜻한 물 2/3컵(160g)에 설탕 1/4컵(50g), 소금 1/2작은술(3g), 인스턴트 커피 가루 1큰술(6g)을 넣고 거품기로 잘 저어 설탕과 커피를 녹인다.

2 인스턴트 드라이이스트 1작은술(3g), 식용유 2큰술(30g), 밀가루 1컵(145g)을 넣어 거품기로 잘 섞고, 남은 밀가루 1컵을 넣은 후 스크래퍼로 한 덩이가 될 때까지 접어주듯 섞는다.

3 밖으로 반죽 꺼내 손반죽한다. 반죽이 완료될 때쯤 건포도 1/2컵(80g)을 넣고 골고루 섞이도록 손반죽한다.

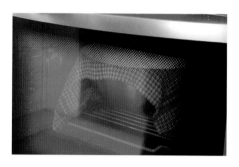

4 볼에 넣어 젖은 천으로 덮고 약 1시간 1차 발효한다.

5 실온의 가염 버터 3큰술(45g)에 설탕 1/4컵(50g)을 넣어 거품기로 잘 섞고, 달걀 1/2개(30g)와 커피 1큰술(6g)을 뜨거운 물 1작은술(5g)에 잘 녹여 거품기로 섞는다.

6 밀가루 3/4컵(110g)과 베이킹 파우더 1작은술(3g)을 체 쳐 넣고 잘 섞는다. 비닐에 반죽 넣어 살짝 펼쳐주고 냉장실에 넣어둔다.

7 1차 발효 끝난 반죽을 꺼내 여러 번 접어 가스를 빼주고, 2등분하여 동그랗게 만든 후 마르지 않게 덮어 약 10분간 중간 발효한다.

8 반죽 뒤집어 펼치고 한쪽 끝에서부터 집어주면서 길쭉하게 만든 후, 이음매가 아래로 향하게 놓는다.

9 냉장실의 쿠키 반죽을 꺼내 뭉쳐주고 2등분한다. 타원형으로 밀어준 후, 빵 반죽 위에 씌워준다.
! 빵 반죽 윗면에 달걀물을 발라준 후 쿠키 반죽을 씌우세요. 그래야 잘 떨어지지 않는답니다.

10 마르지 않게 윗면 덮어 약 40분간 2차 발효한다.
🔥 180도(355F)로 오븐 예열 시작

11 180도(355F) 컨벡션으로 10분 구운 후, 160도 (320F)로 낮춰 20분 더 굽는다.

모카번

Coffee Bun

난이도 ★★★ 2시간 30분

멕시코 번에서 시작되어 국내에서도 많은 사랑을 받은 모카번입니다. 겉은 바삭하게 커피향을 품고, 속은 버터와 어우러져 촉촉하고 부드러운 마성의 빵입니다.

재료   6개 분량

빵 반죽

따뜻한 우유 1/2컵 (120ml, 120g)

강력분 (or 중력분) 2컵 (480ml, 290g)

설탕 1/3컵 (80ml, 70g)

소금 1/2작은술 (3g)

인스턴트 드라이이스트 2작은술 (6g)

달걀 1개 (50g)

무염 버터 1큰술 (15g)

버터 준비

버터 1.5 cm 큐브 모양 6개 (60g) ✦ 단단한 버터 사용

설탕 1큰술 (15ml, 12g)

쿠키 반죽

무염 버터 4큰술 (55g)

인스턴트 커피 1큰술 (6g)

끓인 물 1/2큰술 (7g)

달걀 1개

설탕 1/2컵 (120ml, 100g)

중력분 (or 박력분) 1/2컵 (120ml, 75g) ✦ 빵과 쿠키 반죽의 버터와 달걀은 실온상태로 사용해주세요.

도구

베이킹 팬

볼

계량컵

거품기

스크래퍼

스패출러

짤주머니

Jin Choi   인생 레시피입니다. 진짜 맛있게 해서 먹었습니다. 저는 올려주신 레시피에서 커피 물을 줄이지 않고 인스턴트 커피 뜨거운 물을 똑같이 1티스푼 했는데 많이 흐르지 않고 예쁘게 나왔습니다.

Seyeon Kim   만들어 먹어봤더니 맛있는데 생각보다 안 단 것 같아요. 단 거 안 좋아하시는 분들은 딱 좋아하실 것 같은데 쿠키 반죽에 커피랑 설탕을 좀 더 첨가해서 만들면 맛이 더 진해져서 맛있을 것 같아요. 빵 안에 버터 넣는 비법 알려주셔서 터지지 않고 성공적으로 나왔어요~!

SY K   너무 맛있어서 오늘 또 구울 예정이랍니다. 커피가루를 2가지로 이용해서 번을 구웠어요! 다크로스트를 사용한 빵은 빵집에서 먹던 번과는 다르게 좀 더 쓴맛이 났어요. 마일드로스트 같이 약하게 로스팅 된 커피를 사용하니 정말 맛있었어요! 커피로 사용하실 때 다크로스트는 피하시면 될 듯하여 남겨 놓아요~!

1 볼에 밀가루 2컵(290g), 설탕 1/3컵(70g), 소금 1/2작은술(3g), 인스턴트 드라이이스트 2작은술(6g)을 넣고 잘 섞는다.

2 따뜻한 우유 1/2컵(120g), 실온 달걀 1개(50g, 잘 풀어준 상태), 실온의 무염 버터 1큰술(15g)을 넣고 한 덩이가 되도록 섞는다.

3 반죽 꺼내 3분간 100번 손반죽한 후, 훈훈한 오븐 안에 넣고 약 1시간 1차 발효한다.

4 덧가루 뿌린 작업대에서 반죽을 여러 번 접어 가스를 빼고, 7등분한 후 6개는 공 모양으로 만든다.

5 남은 반죽 1덩이를 6개로 분할하여 작은 공 모양을 만든다. 마르지 않게 덮고 15분간 중간 발효한다.

6 중간 발효 동안 냉장고에 있던 단단한 무염버터를 1.5cm 두께로 잘라 큐브 모양으로 만들고 설탕 1큰술(12g)을 버터에 골고루 묻혀준다.

7 작게 만들어 둔 반죽을 펴서 버터 넣고 오므린 후 버터가 새지 않게 잘 집어준다.

8 큰 반죽 뒤집어 펴고 작은 반죽의 이음매 부분이 아래로 향하게 하여 넣고, 반죽 오므려 준다. 다시 반죽 뒤집어 살짝 굴려 공 모양으로 만든다. 식용유 발라준 팬 위에 올려 약 40분간 2차 발효한다.

9 볼에 실온의 무염 버터 4큰술(55g), 끓인 물 1/2 큰술(7g)에 인스턴트 커피 1큰술(6g)을 잘 녹여서 넣는다. 실온 달걀 1개 (50g), 설탕 1/2컵(100g), 밀가루 1/2컵(75g)을 넣고 잘 섞는다.

10 🔥 180도(355F)로 오븐 예열 시작
짤주머니에 쿠키 반죽을 담아 본반죽의 가운데에서부터 빙빙 돌리듯 짜준다.

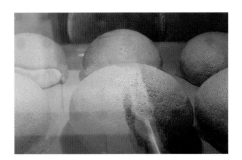

11 180도(355F) 컨벡션으로 약 18분~20분간 굽는다.

소금빵
Salt Bread

버터 풍미 가득한 고소한 소금빵 만들기입니다. 몇 년 새 국내에서 인기가 치솟아 소금빵을 안 파는 빵집이 없을 정도로 대중적인 빵이 되었죠. 어려울 것 같지만 손반죽도 필요 없이 손쉽게 집에서 만들 수 있습니다.

난이도 ★ ★ ★   **3시간**

재료	6개 분량	도구

재료   **6개 분량**

- 따뜻한 우유 2/3컵 (160ml, 160g)
- 설탕 2큰술 (30ml, 25g)
- 소금 1/2작은술 (3g)
- 인스턴트 드라이이스트 1작은술 (3g)
- 중력분 (or 강력분) 2컵 (480ml, 290g)
- 달걀 1개 (50g) - 실온 상태
- 전지분유 1/4컵 (60ml, 30g) - 생략 가능
- 녹인 무염 버터 30g + 소량 (구운 빵 위에 바르는 용)
- 무염 버터 8g×6 - 큐브형

도구

- 베이킹 팬
- 볼
- 계량컵
- 거품기
- 스크래퍼
- 밀대
- 브러시 - 버터 바르는 용

미숙   제가 만들어본 소금빵은 담백 짭조름 맛있네요. 겉은 바삭하고 속은 쫄깃하면서도 부드러워서 바로 구우면 몇 개도 먹을 수 있겠어요. 반죽이 다루기도 편하고 성형도 잘 돼서 기분 좋아요

Joohye choi   와 방금 구웠는데, 정녕 제가 구운 빵이 맞는 건지 너무 맛있어요~! 매일매일 굽고 싶어요. 저는 6등분으로 구웠는데 촉촉하고 맛있네요~! 다음엔 2배합으로 도전해야겠어요. 너무 감사합니다.

1 볼에 따뜻한 우유 2/3컵(160g), 설탕 2큰술(25g),
소금 1/2작은술(3g)을 넣고 거품기로 저어 설탕
과 소금을 녹인다.

2 인스턴트 드라이이스트 1작은술(3g), 밀가루 1컵
(145g)을 넣고 거품기로 저어 잘 섞는다.

3 달걀 1개, 녹인 무염 버터 30g, 전지분유 1/4컵
(30g)을 넣고 거품기로 저어 섞은 후, 남은 밀가
루를 모두 넣고 스푼이나 스크래퍼로 마른 가루
가 안 보일 때까지 잘 섞는다.

4 젖은 천으로 덮어 훈훈한 오븐 안에 넣고 1시간
30분 1차 발효한다. 반죽 밖으로 꺼내 덧가루 사
용하며 여러 번 접어 가스를 빼주고, 6등분하여
동그란 볼 모양으로 만든다.

5 반죽을 손으로 누르듯 밀어 한 뼘 정도 길이의 올챙이 모양(한쪽은 두껍고 한쪽은 얇아지는)으로 만든 뒤, 비닐로 덮어 10분간 중간 발효한다.

6 반죽 중간 부분에서 두꺼운 쪽은 밀대를 사용해 밀어주고 남은 반은 손으로 늘여가면서 밀대로 밀어 준다. 무염 버터 8g을 반죽 끝에 올려 말아 준다.

❗ 반죽을 아래쪽에서 살살 당겨 늘려가면서 말아주세요.

7 비닐로 다시 덮어 오븐 안에 넣고 약 30분~40분 2차 발효한다.

8 🔥 180도(355F)로 오븐 예열 시작
180도(355F) 컨벡션으로 약 15분간 굽는다.
뜨거운 상태에서 녹여준 무염 버터를 브러시로 바른 후, 윗면에 적당량의 소금을 뿌린다.

소시지빵
Sausage Bread

남녀노소를 불문하고 많은 사람이 좋아하는 빵입니다. 오늘 우리 아이 간식으로, 나의 한 끼 식사대용으로 맛난 소시지빵을 손쉽게 만들어 보세요.

난이도 ★★★　 2시간 10분　　

재료 　　　　　　　　6개 분량

빵 반죽

따뜻한 물 2/3컵 (160ml, 160g)

설탕 2큰술 (30ml, 25g)

소금 1/2작은술 (3g)

인스턴트 드라이이스트 1작은술 (3g)

식용유 2큰술 (30ml, 30g)

중력분 (or 강력분) 2컵 (480ml, 290g)

토핑

소시지 6개

양파 1개 (200g)

옥수수 2~3큰술 (40g)

마요네즈

케첩

모차렐라 치즈

파슬리 가루

도구

베이킹 팬

볼

거품기

계량컵

스크래퍼

가위

송아지　저 어제 이거 해먹었는데 진짜 맛있어요. 꼭 만들어보세요. 신랑이랑 다 큰 우리 아들이 흡입. 저 진짜 빵 못만드는 빵찔이인데 호주가이버님 레시피는 너무 쉽게 빵이 돼요.

Ello　영상 보자마자 소시지 사서 만들어봤는데 순식간에 사라졌네요. 옥수수랑 토핑 듬뿍 넣고 가족이랑 맛있게 먹었습니다.

굿레인　다른 분들 레시피에 비해 반죽도 너무 쉽고 만들기도 쉬워서 따라해 봤어요! 첫 소시지빵 대박 성공했어요!! 가족들이 너무 맛있게 먹어줘서 행복하네요.

1 볼에 따뜻한 물 2/3컵(160g), 설탕 2큰술(25g), 소금 1/2작은술(3g)을 넣고 거품기로 설탕과 소금을 충분히 녹인다. 인스턴트 드라이이스트 1작은술(3g)을 넣고 살짝 섞은 후 식용유 2큰술(30g)을 넣고 살짝 섞는다.

2 중력분(or 강력분) 1컵을 넣고 거품기로 잘 섞은 후, 남은 밀가루 1컵을 넣고 스크래퍼로 반죽이 한 덩이가 될 때까지 접어주듯 섞는다.

3 반죽 꺼내 100번 손반죽한다.

4 반죽을 둥글게 말아 볼에 다시 넣고 젖은 천으로 덮어 약 1시간 1차 발효한다.

5 반죽 두세 번 접어 가스를 빼고, 6등분한 뒤 동그란 볼 모양으로 만들어준다.

6 반죽이 마르지 않게 랩으로 덮어 15분간 중간 발효한다.

7 반죽을 뒤집어 한 뼘 정도 되는 타원형으로 만
들고 소시지 하나를 넣어 끝부분부터 말아준다.
이음매 부분 잘 마무리해주고 이음매가 아래로
가게 하여 식용유 발라준 팬 위에 올려준다.

8 가위를 이용해 사선으로 9개 정도 커팅 하고 커
팅 부분을 좌우로 펼쳐준다.

9 랩으로 덮어 오븐 안에 넣고 20분간 2차 발효한다.
! 오븐은 꺼둔 상태로 발효하세요.

10 양파 1개를 잘게 썰어주고, 옥수수 3큰술을 넣는
다. 여기에 마요네즈 2~3큰술을 넣고 잘 섞는다.
! 옥수수 물기는 제거하고 넣어주세요.

11 🔥 180도(355F)로 오븐 예열 시작
오븐에서 반죽 꺼내 반죽 위에 준비한 토핑을
올리고, 모차렐라 치즈 충분히 올려준 다음 케
첩과 마요네즈를 사선으로 뿌려준다. 마지막으
로 파슬리 가루 올려준다.

12 180도(355F) 컨벡션으로 약 15분~20분 굽는다.

시나몬 풀어파트빵
Cinnamon Pull-apart Bread

시나몬과 브라운 설탕의 조합으로 코끝에 닿는 향내가 입맛을 돋웁니다. 흡사 호떡과 비슷한 맛이면서도 겹겹이 부드러움을 더한 빵입니다. 손반죽이 전혀 없어 간단하면서도 멋스러운 빵이 완성됩니다. 기호에 따라 호두나 아몬드를 추가해보세요.

난이도 ★★★   2시간 30분

재료

1개 분량

빵 반죽
끓인 물 1컵 (240ml, 240g)
밀가루 1/4컵 (60ml, 35g)
차가운 우유 1/4컵 (60ml, 60g)
설탕 3큰술 (45ml, 40g)
소금 1/2작은술 (3g)
식용유 2큰술 (30ml, 30g)
전지분유 1/2컵 (120ml, 60g) - 생략 가능
인스턴트 드라이이스트 1작은술 (5ml, 3g)
중력분 (or 강력분) 2.5컵 (600ml, 365g)

필링
갈색 설탕 (or 흑설탕) 2/3컵 (160ml, 100g)
시나몬 파우더 1큰술 (15ml, 9g)
무염 버터 3큰술 (45g) - 실온 상태

도구
파운드 케이크 틀 (11cm×21cm×8cm)
볼
계량컵
거품기
스크래퍼
밀대
칼 (or 피자 나이프)
베이킹 페이퍼

프로스팅
슈가 파우더 1/2컵 (120ml, 60g)
우유 1큰술 (15ml, 15g)

달걀 소량 + 우유 1큰술 (15g) - 에그워시용

잰잰 우와! 반죽이 질게 된 것 같아 걱정했는데 너무 맛있게 완성 되었어요! 만드는 것도 간단하고 맛있어요. 손반죽 없이도 쫄깃하고 부드럽고 맛있네요!

Anna Shu 오늘 식구들이 모이는 시간에 만들어서 디저트로 먹었어요. 다들 반응도 좋았고요. 특히 많이 안 달아서 더 좋았어요. 생각보다 쉽고 간단해서 담엔 선물용으로 만들어보려고요.

이지 어머니께서 계피를 좋아하셔서 시나몬 베이킹을 찾아보다가 이 빵이 너무 먹음직스러워서 이 레시피로 도전했는데 정말 대박이에요. 너무 맛있어요!! 일단 손반죽을 안 해도 된다는 게 너무 편하고 스위트롤보다 공정은 간단한데 훨씬 더 맛있어요!

1 끓인 물 1컵(240g)에 밀가루 1/4컵(35g)을 넣고 거품기로 저어준다.

❗ 풀처럼 만들어주세요. 밀가루 넣자마자 바로 풀어 주지 않으면 덩어리가 많이 생기니 주의하세요.

2 차가운 우유 1/4컵(60g), 설탕 3큰술(40g), 소금 1/2작은술(3g), 식용유 2큰술(30g), 전지분유 1/2컵(60g)을 거품기로 잘 저어 섞고, 인스턴트 드라이이스트 1작은술(3g)을 넣어 살짝 섞는다.

3 중력분(or 강력분) 2.5컵(365g)을 넣고 스크래퍼로 마른 재료가 보이지 않을 때까지 섞는다.

4 젖은 천으로 덮고 훈훈한 오븐 안에 넣어 1시간 1차 발효한다.

❗ 오븐을 50도로 2분만 켰다 꺼준 상태에서 발효하세요.

5 갈색 설탕(or 흑설탕) 2/3컵(100g)에 시나몬 파우더 1큰술(9g)을 넣고 섞는다.

6 작업대와 반죽 위에 밀가루를 충분히 넓게 뿌리고, 밀대로 반죽을 40cm×50cm정도 되도록 얇게 펼쳐준다. 펼친 반죽 위에 실온 상태의 무염 버터 3큰술(45g)을 골고루 발라준다.

7 시나몬 파우더와 설탕을 골고루 뿌려준 후, 반죽을 가로 10cm, 세로 6cm가량 되도록 커팅한다.

8 커팅된 반죽을 5장~6장씩 겹쳐서 빵 틀에 넣어준다.

❗ 빵 틀에는 미리 식용유를 바르고, 밑면과 옆면에 베이킹 페이퍼를 깔아주세요. 구운 후 틀에 반죽이 달라붙는 걸 방지하기 위함이에요.

9 랩으로 반죽을 덮어 오븐에 넣고 약 40분~ 60분 2차 발효한다.

10 🔥180도(355F)로 오븐 예열 시작
달걀 약간에 우유 1큰술 넣어 섞어준 후 반죽의 윗면에 바른다.

❗ 구운 후에 프로스팅 할 거면 생략해도 되어요.

11 180도(355F) 컨벡션으로 약 35분 굽는다.

12 프로스팅
빵이 완전히 식은 후, 슈가 파우더 1/2컵(60g)에 우유 1큰술(15g) 넣어 섞어준 후 빵 위에 뿌린다.

바게트
Baguette

프랑스에서 시작된 바게트는 '지팡이', '봉' 또는 '막대기'
란 뜻을 지니고 있습니다. 말 그대로 길쭉하고 단단한 것
이 바게트의 특징이죠. 갓 구운 바게트는 그냥 먹어도 고
소한 누룽지처럼 담백하고 맛있습니다. 12시간의 저온
숙성 없이 간단한 바게트를 만들어보세요.

난이도 ★★★　　2시간 40분　　

재료	3개 분량	도구
따뜻한 물 2컵 (480ml, 480g)		베이킹 팬 (or 바게트 틀)
설탕 2큰술 (30ml, 25g)		볼
소금 1.5작은술 (7.5ml, 9g)		계량컵
인스턴트 드라이이스트 2작은술 (10ml, 7g)		거품기
중력분 (or 강력분) 4컵 (960ml, 580g)		스크래퍼
		칼 (or 면도날)
		분무기

밍　가족들에게 만들어주고 싶어서 혼자 주방에서 뚝딱뚝딱 만들어봤는데 세상에나 너무 맛있어요. 엄마도 네가 만든 거 맞냐며 놀라시고 할머니도 맛있다
고 용돈도 주셨어요! 다른 영상들도 보면서 빵 만들고 용돈 벌겠습니다.

길동　설탕 빼고 통밀 추가해서 만들었는데 호주가이버님 레시피 따라하면 마법같이 완벽하게 나와요.

Julia Mikyoung Kim　호주가이버님의 레시피 중 단연코 top of top! 바로 이 바게트가 아닐까 합니다. 제가 원래 굽던 바게트는 하룻밤 저온숙성을 해야
하는 레시피였는데, 기존의 바게트 레시피는 이제 제 레시피 책에서 지우고 이 바게트 레시피만 사용하려 합니다. 특히나 빵을 좋아하시는 엄마가 바로 만든
따끈한 바게트를 드시고 너무나 행복해 하시는 모습에 너무너무 감사 드리고 싶습니다.

1 볼에 따뜻한 물 2컵(480ml, 480g), 설탕 2큰술 (25g), 소금 1.5작은술(9g)을 넣고 거품기로 잘 저어 설탕과 소금을 녹인다. 인스턴트 드라이이스트 2작은술(7g)을 넣고 살짝 섞는다.

2 밀가루 2컵(290g)을 넣고 거품기로 잘 섞이고, 남은 2컵을 모두 넣은 후 스크래퍼로 마른 가루가 안 보일 때까지 접어 주듯 섞는다.

3 젖은 천으로 덮어 15분간 휴지한 후, 반죽 가운데를 잡고 접듯이 들어올려 치대기를 약 10번 반복한다.
! 반죽할 때 손에 물을 묻히면 덜 달라붙어요.

4 반죽을 볼에 다시 넣고 젖은 천으로 덮어 훈훈한 오븐 안에서 약 1시간 1차 발효 한다.
1차 발효 후, 덧가루 충분히 뿌린 작업대에 반죽 꺼내 3등분하고 동그란 모양으로 만든다.

5 반죽 뒤집어 한 쪽 끝에서부터 말아 타원형으로 만든다. 이음매가 아래로 가게 하고, 살짝 덮어 15분간 중간 발효한다.

6 반죽 뒤집어 전체적으로 꾹꾹 누른 후 한 쪽 끝에서부터 말아 준다. 슬슬 굴려서 기다랗게 만든다.

7 밀가루 충분히 뿌린 마른 천 위로 반죽을 옮기고, 천을 들어 올려 모양을 잡아준다.

8 30분간 2차 발효한다. 2차 발효 완료 10분 전에 오븐 예열한다.

🔥 220도(420F)로 오븐 예열 시작

❗ 오븐 바닥에 물 한 컵 넣고 예열 시작하세요.

9 반죽 윗면에 칼(or 면도날)을 이용해 사선으로 칼집을 낸다.

❗ 너무 깊게 내지 않도록 하세요.

10 반죽을 오븐에 넣고 물을 충분히 뿌려준다. 220도(420F) 컨벡션으로 10분 구운 후, 200도(395F)로 온도 낮추어 10분간 더 굽는다.

❗ 연한 색을 원하면 220도로 5분 굽고, 200도로 온도를 낮춰 10분 더 구워주세요.

사워도우빵
Sourdough Bread

직접 키운 천연 발효종(르방)으로 만들어 속이 편한 건강빵입니다. 더치오븐이 없어도, 뚝배기나 내열용기를 사용해 집에서 만들 수 있습니다.

난이도 ★★★★   여름 10시간 · 겨울 14시간

재료   1개 분량

물 1컵 + 1/4컵 (300ml, 300g)

르방 1/2컵 (120ml, 110g) 르방 만들기 참고하세요. (p.244)

강력분 (or 중력분) 3컵 (720ml, 435g)

소금 1작은술 (5ml, 6g)

도구

더치 오븐 (or 뚜껑있는 내열용기)

볼

거품기

계량컵

스패츌러

반느통 (or 우동기)

칼 (or 면도칼)

베이킹 페이퍼

Cinder Quin 르방으로 빵을 만드니까 이스트 넣을 때랑 빵맛 자체가 다르고 쫄깃한 감이 있어서 너무 좋은데요. 어제 냉장 발효해서 먹었는데 정말 맛나서 신랑이랑 딸한테 아침부터 칭찬 가득 들었습니다.

Blue Good 드디어 완벽한 모양의 사워도우 성공했어요! 이전에 서너 번 시도했을 때는 넓게 퍼지고 위로 솟은 모양이 안 되었는데, 가르쳐주신 대로 냄비에 넣기 바로 전에 그릇에서 꺼내고 금 그은 후 오븐에 넣은 덕분인 것 같아요. 더치오븐이 없어서 군고구마용 냄비를 썼는데도 효과가 있었어요.

1 르방 : 물 : 밀가루 = 1 : 1 : 1로 배합하고 2배로 부
풀면 반죽을 시작한다.

2 물 1컵 + 1/4컵(300g)에 1번 르방 1/2컵(110g)을
넣고 거품기로 우유처럼 될 때까지 잘 풀어준다.

3 강력분(or 중력분) 3컵(435g)과 소금 1작은술(6g)
을 넣고 마른 가루가 안 보일 때까지 스패츌러로
섞는다.

4 15분 쉬었다가 반죽을 4번 접어준다.

❗ 반죽 폴딩 직전에 손에 물을 묻혀가며 작업해야 안
달라붙어요.

5 15분 쉬었다가 반죽을 4번 접어준다.

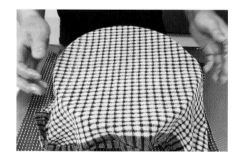

6 젖은 천으로 덮고 실온에서 반죽이 2배 이상 될
때까지 발효한다.

❗ 여름엔 6~8시간, 겨울엔 10~12시간 정도 발효해
주어요.

7 반죽을 4~5번 접어준다.

8 반죽 꺼내 손에 물 살짝 묻히고, 반죽 아랫부분을 여러 번 당겨 반죽이 동그랗게 되도록 만든다.

9 반느통에 밀가루 충분히 뿌려주고 반죽 넣은 후, 천으로 덮어 약 1시간 2차 발효한다.

! 우동기 사용시에는 베이킹 페이퍼에 밀가루 충분히 뿌린 후 반죽 올려주세요.

10 🌢 230도(445F)로 오븐 예열 시작

오븐 안에 더치 오븐(or 내열용기) 넣은 채로 예열한다.

! 2차 발효 끝나기 약 10분 전에 예열 시작하세요. 오븐에 따라 예열 시간이 10~15분 정도 걸려요.

11 오븐 예열이 끝나면 더치 오븐 꺼낸 후, 반느통에서 반죽 꺼내 밀가루 충분히 뿌려준 베이킹 페이퍼 위로 바로 뒤집어 올려준다. 1~3군데 칼집을 내고 더치 오븐에 넣는다.

! 베이킹 페이퍼가 넉넉해야 더치 오븐에 넣고 뺄 때 손잡이로 사용할 수 있어요.

12 더치 오븐을 다시 오븐에 넣고 230도(445F)로 25분 구운 후, 뚜껑 열고 200도(390F)로 낮춰 15분 더 굽는다.

크루아상
Croissant

날씨가 선선해지면 만들기 좋은 크루아상입니다. 버터를 펴 발랐을 뿐인데 겹이 제대로 살아있어 찢어먹기 좋은, 버터 풍미 가득한 크루아상을 완성해보세요.

난이도 ★★★★   3시간 30분

재료	8개 분량	도구
미지근한 물 2/3컵 (160ml, 160g)		베이킹 팬
설탕 2큰술 (30ml, 25g)		볼
소금 1작은술 (5ml, 6g)		계량컵
식용유 2큰술 (30ml, 25g)		거품기
인스턴트 드라이이스트 1.5작은술 (5g)		스크래퍼
강력분 (중력분) 2컵 (480ml, 290g)		밀대
무염 버터 125g - 실온 상태		칼
달걀 1개 + 우유 1큰술 - 에그워시용		브러시 - 에그워시용
		베이킹 페이퍼

조회수
Best 3

미화 벌써 3번째 만들어 먹네요 베이킹의 꽃이라 할 수 있는 손도 많이 가고 시간도 엄청 걸리는 크루아상을 집에서 만들어 먹는다는 게 신기하고 기특합니다. 덕분에 가족들 및 주위사람들이 행복하게 빵을 즐길 수 있게 되었습니다.

Mu ii 가이버님이 알려주신 대로 말랑한 버터를 반죽 위에 펴 바르는 게 버터를 덩어리째 넣는 일반적인 방법보다 엄청 편하고 잘되더라고요. 꿀팁 감사해요.

안주가 좋아 크루아상은 어렵다는 편견을 없애 주네요. 늘 생지를 사서 먹었었는데 알려주는 레시피로 만들었는데 진짜 더 맛있어요. 정말 만족합니다.

1 볼에 미지근한 물 2/3컵(160g), 설탕 2큰술(25g), 소금 1작은술(6g), 식용유 2큰술(25g), 인스턴트 드라이이스트 1.5작은술(5g)을 넣고 거품기로 잘 섞는다.

2 밀가루 2컵(290g)을 넣고 스크래퍼로 한 덩이가 될 때까지 섞는다.

3 손반죽한 후 젖은 천으로 덮어 약 1시간 1차 발효 한다.

4 밀가루 충분히 뿌린 작업대에 반죽 올리고, 밀대 로 밀어 50cm×70cm 크기의 직사각형으로 만 들고 무염 버터(125g)를 골고루 펴 바른다.

5 반죽 좌우를 접어 2겹, 위아래를 겹치게 접어 총 6겹을 만들고 랩으로 싸서 30분간 냉동실에서 굳힌다.

6 반죽 꺼내 밀대로 20cm×30cm 크기로 늘려 준다. 좌우 겹치도록 3겹 접기 하고, 다시 밀어 25cm×35cm 크기로 만든다.
! 밀대로 밀 때 밀어 늘리는 것보다 누르듯 펼쳐야 버터가 안 터져요.

7 스크래퍼나 칼을 이용해 반죽을 긴 삼각형 모양으로 8등분한다.

8 삼각형 밑변 가운데 부분에 칼집을 내 살짝 벌리고 말아준다.

9 말려 올린 끝 부분이 아래로 향하게 팬닝하고 윗면에 에그워시를 한다.

! 에그워시: 달걀 1개에 우유 1큰술을 넣어 잘 섞는다.

10 반죽이 1.5배가 될 때까지 오븐에서 1시간(실온 2시간) 2차 발효한다.

! 발효 중 온도가 27도가 넘으면 버터가 흘러 나올 수 있어요. 크루아상 특유의 결이 보일 때까지 발효하세요.

11 🌢 180도(355F)로 오븐 예열 시작
반죽 윗면에 한 번 더 에그워시를 한다.

12 180도(355F) 컨벡션으로 약 20분간 굽는다.

Part 2 _____

몸이 가벼워지는 건강빵

통밀 바나나빵
Whole Wheat Banana Bread

설탕 대신 벌꿀, 밀가루 대신 통밀가루를 넣은 건강한 느낌의 빵입니다. 은은하게 달콤한 바나나향과 살짝 거친 통밀의 식감이 어우러져 자꾸만 손이 가는 빵이에요.

난이도 ★★ 1시간

재료	1개 분량
바나나 3개 (390g)	
꿀 1/2컵 (120ml, 120g)	
달걀 2개 (120g) - 실온 상태	
바닐라 익스트랙 1작은술 (5g)	
소금 1/2작은술 (3g)	
식용유 4큰술 (60ml, 50g)	
통밀가루 2컵 (480ml, 260g)	
베이킹 소다 1.5작은술 (6g)	
호두 1컵 (240ml, 100g)	

도구

로프 틀 (11cm×21cm×7cm)
- 파운드 케이크 틀 사용 가능
볼
계량컵
거품기
포테이토 매셔 or 포크
스패츌러
체

Cinder Quin   이 빵은 대반전이네요.. 통밀 싫어하는 사람도 맛나게 먹을 수 있는 빵인 것 같아요. 호두 듬뿍 넣어서 어제 만들고 오늘 아침에 커피랑 먹었는데 하루 지나서 먹으니까 더 촉촉합니다.

Gil   시나몬 파우더 넣어서 구웠더니 향긋한 향과 함께 너무나 맛있게 가족들과 먹었어요. 간단하면서도 건강하게 맛있는 맛이라 가을부터 이른 봄까지 자주 만드는 빵이 될 것 같아요.

DDi B   이 레시피 정말 강추해요! 집에 썩어가는 바나나 있어서 후다닥 만들어 봤는데 너무 맛있었어요.

1 바나나 3개(껍질 벗긴 후 390g)를 볼에 넣고 포크
　나 매셔로 잘게 으깨준다.
　🜄 170도(335F)로 오븐 예열 시작

2 꿀 1/2컵(120g), 실온 달걀 2개(120g), 바닐라 익
　스트랙 1작은술 (5g), 소금 1/2작은술(3g), 식용유
　4큰술(50g)을 넣고 거품기로 잘 섞는다.
　❗ 바닐라 익스트랙 대신 시나몬 파우더 1작은술(3g)
　을 넣어도 좋아요.

3 통밀 2컵(260g), 베이킹 소다 1.5작은술(6g)을 체
　쳐 넣고, 스패츌러로 마른 재료가 안 보일 정도
　로만 가볍게 섞는다.
　❗ 너무 많이 섞어주면 기포가 날아가 빵이 잘 안 부
　풀 수 있어요.

4 호두 잘게 잘라 1/2컵(50g)을 반죽에 넣고 살짝
　섞는다.
　❗ 원하는 견과류로 대체하거나 추가해도 좋아요.

5 준비한 빵 틀에 식용유 바르고 반죽 부은 후, 잘
게 자른 호두 1/2컵(50g)을 반죽 위에 뿌리고 떨
어지지 않게 살짝 눌러준다.

! 호두 대신 오트밀, 아몬드 슬라이스, 바나나 슬라
이스를 올려도 좋아요.

6 170도(335F) 컨벡션으로 약 55분간 굽는다.

! 구워진 빵은 오븐에서 꺼내 10분 정도 그대로 두었
다가 빵 틀과 분리하세요.

통밀 당근빵
Whole Wheat Carrot Bread

베타카로틴이 풍부해 항산화, 노화 방지에 도움을 주는 몸에 좋은 당근이 무려 두 개나 들어가는 레시피입니다. 통밀로 만들어 더욱 건강하면서도 고소하게 즐길 수 있습니다.

난이도 ★★　　 1시간 15분　　

재료	1개 분량

재료 (1개 분량)

당근 2개 (200g)

달걀 2개 (100g) - 실온 상태

꿀 1/2컵 (120ml, 150g)
- 설탕 같은 양으로 대체 가능

식용유 1/2컵 (120ml, 110g)
- 녹인 무염 버터로 대체 가능

소금 1/3작은술 (2g)

통밀가루 2컵 (480ml, 290g)
- 중력분 (or 박력분)으로 대체 가능

베이킹 파우더 1작은술 (4g)

베이킹 소다 2/3작은술 (3g)
- 베이킹 파우더 2작은술로 대체 가능

시나몬 파우더 1/2작은술 (2g)

호두 1/2컵 (55g)

오트밀 약간 - 토핑용

도구

파운드 케이크 틀 (10cm×10cm×22cm)

그레이터 (or 강판)

볼

계량컵

거품기

체

스패츌러

Eunice Whon 　오늘 해 보았는데 남편이 너무 맛있다고 하네요. 앞으로 자주 만들어서 지인들에게 선물해야겠어요.

엘레니 　진짜 진짜 맛있어요. 최고예요.

1 당근 중간 사이즈 2개(270~280g)의 껍질을 벗기고 그레이터로 아주 얇게 채 썬다.

! 껍질 제외하면 200g 정도 되어요.

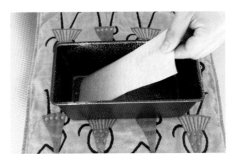

2 🜄 180도(355F)로 오븐 예열 시작
틀 안쪽에 식용유 바르고, 바닥 부분에만 베이킹 페이퍼를 깔아준다.

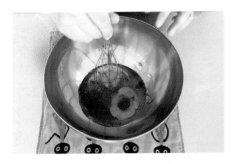

3 볼에 실온 달걀 2개(100g), 꿀 1/2컵(150g), 식용유 1/2컵(110g), 소금 1/3작은술(2g)을 넣고 거품기로 잘 섞는다.

4 통밀 2컵(290g), 베이킹 파우더 1작은술(4g), 베이킹 소다 2/3작은술(3g), 시나몬 파우더 1/2작은술(2g)을 체 쳐 넣고 스패츌러로 마른 가루가 안 보일 정도로만 살짝 섞는다.

5 준비해둔 당근 200g과 잘게 자른 호두 1/2컵(55g)을 반죽에 넣어 살짝 섞은 후, 반죽을 틀에 부어 고르게 펴준다.

6 오트밀 또는 아몬드 슬라이스를 위에 올린 후, 180도(355F) 컨벡션으로 약 55분간 굽는다.

오트밀 브레드
Oatmeal Bread

모든 재료를 섞어주면 반죽이 끝나는 간단한 건강빵입니다. 설탕 없이 꿀과 건블루베리가 은은한 단맛을 내 아침에 커피와 함께 하기 좋은 빵입니다.

난이도 ★★ **55분**

재료	1개 분량	도구

재료 — 1개 분량

호두 1/2컵 (120ml, 60g) - 잘게 다져서 준비

오트밀 3컵 (720ml, 270g) - 2컵은 믹서로 갈아서 준비

건블루베리 1/2컵 (120ml, 80g)
- 건포도나 크랜베리로 대체 가능

호박 & 해바라기씨 혼합 1/4컵 (60ml, 30g)

베이킹 파우더 1큰술 (15ml, 12g)

그릭 요거트 1컵 (240ml, 240g) - 무가당으로 준비

달걀 2개 (100g) - 실온 상태

꿀 1/4컵 (60ml, 80g)

참깨 약간

도구

파운드 케이크 틀 (10cm×21xcm×10cm)

볼

계량컵

믹서

스패츌러

J.L 꿀 대신 잘 익은 바나나 두 개를 넣고, 오트밀 양을 조금 줄이고 집에 남는 쌀가루 처리하느라 쌀가루를 추가했는데 정말 맛있어요!

미경: 저는 오트밀을 모두 갈아서 했고, 저녁식사로 한 끼 해결했어요. 가족들의 찬사를 받았답니다.

기명 요즘 저에게 절실히 필요한 빵이네요. 얼마 전부터 소화가 안 돼서 소화에 도움되는 좋은 빵이 없을까 궁리 중이었는데 딱 맞춰 이 빵을 선물해 주시네요. 방금 만들어 안심하고 먹고 있어요. 밀가루처럼 부드럽진 않지만 영양 덩어리라 생각하고요. 그리고 참깨가 신의 한 수네요.

1 오트밀 2컵(180g)을 믹서로 곱게 갈아 볼에 넣는다.

2 잘게 다진 호두 1/2컵(60g), 오트밀 1컵(90g), 건 블루베리 1/2컵(80g), 호박씨 & 해바라기씨 혼 합 1/4컵(30g), 베이킹 파우더 1큰술(12g)을 넣고 잘 섞는다.

3 🌢170도(335F)로 오븐 예열 시작
2번에 그릭 요거트 1컵(240g), 실온상태 달걀 2개 (100g), 꿀 1/4컵(80g)을 넣고 스패츌러로 잘 섞 는다.

4 식용유 바른 파운드 틀에 반죽을 부어 고르게 펼 쳐주고, 윗면에 참깨와 오트밀을 살짝 올린다.

5 170도(335F) 컨벡션으로 약 50분간 굽는다.

통밀 식빵
Whole Wheat Bread

식이섬유가 많고 혈당 상승을 조절해 건강을 지켜주는 '통밀'로 만든 식빵입니다. 발효를 많이 하지 않아도 촉촉하고 고소한 맛있는 식빵이 완성됩니다. 살짝 거친 식감과 씹을수록 우러나는 담백한 단맛이 매력적인 빵입니다.

난이도 ★★   1시간 30분

재료	1개 분량	도구
따뜻한 우유 1컵 (240ml, 240g)		식빵 틀 (10cm×22cm×10cm)
설탕 2큰술 (30ml, 25g)		볼
소금 2/3작은술 (4g)		계량컵
인스턴트 드라이이스트 2작은술 (10ml, 6g)		거품기
식용유 2큰술 (30ml, 30g)		스크래퍼
달걀 1개 (50g) - 실온 상태		밀대
통밀가루 2컵 (480ml, 280g)		
중력분 (or 강력분) 1컵 (240ml, 145g)		

김근하   여기에 호두만 살짝 구운 후 다져서 추가했는데 구수하니 너무 맛있었어요. 생각보다 발효가 너무 잘돼서 깜짝 놀랐네요.

Ken   발효 시간이 짧은 것 같은데 은은한 단맛이 나고 정말 맛있어요. 구워 놨다가 아침대용으로 먹으려고 합니다.

Sook young Lee   며칠 전에 만들었는데 제가 만든 통밀빵 중 최고였습니다. 통밀빵 솔직히 정말 맛이 없어서 남은 통밀가루를 다 어떻게 해야하나 고민 중이었는데 덕분에 감사합니다. 돌돌 말기 전에 건포도를 넉넉히 뿌리고 말아주었더니 정말 너무너무 맛있었어요.

1 볼에 따뜻한 우유 1컵(240g), 설탕 2큰술(25g), 소
금 2/3작은술(4g)을 넣고 거품기로 저어 설탕과
소금을 녹인다.

2 인스턴트 드라이이스트 2작은술(6g), 밀가루 1컵
(145g)을 넣고 거품기로 섞은 후, 식용유 2큰술
(30g), 실온 달걀 1개(50g)를 넣고 다시 섞는다.

3 통밀가루 2컵(280g)을 넣고 스크래퍼로 접어주
듯 섞어 반죽이 한 덩이가 되도록 한다.

4 작업대에 반죽을 꺼내 3분간 100번 손반죽한 다
음, 다시 볼에 넣고 비닐로 덮어 10분간 휴지시
킨다.

5 다시 반죽을 꺼내 손이나 밀대를 사용하여 폭
  20cm, 길이40cm~50cm 되는 긴 타원형 모양
  으로 펼쳐 준다.

6 반죽을 한쪽 끝에서부터 말고, 이음매를 잘 마무
  리한다.

7 이음매를 아래로 향하게 하여 식용유 바른 빵 틀
  에 넣고, 비닐로 덮어 약 30분간 발효한다.
  🔥 180도(355F)로 오븐 예열 시작

8 180도(355F) 컨벡션으로 약 35분간 굽는다.
  ❗ 굽기 20분 경과 후 빵 윗면을 호일로 덮으면 윗부
  분이 타는 걸 방지해줘요.

통밀 베이글
Whole wheat Bagel

통밀만 있다면 발효 없이도 베이글을 간단하게 만들 수 있습니다. 갓 구운 베이글에 크림치즈 듬뿍 발라, 한 입 베어 물었을 때의 행복을 집에서 즐겨 보세요.

난이도 ★★★　 1시간　

재료	6개 분량	도구
뜨거운 물 1컵 (240ml, 240g)		베이킹 팬
설탕 3큰술 (45ml, 36g)		볼
소금 1/2작은술 (3g)		계량스푼
인스턴트 드라이이스트 2작은술 (10ml, 6g)		계량컵
통밀가루 3컵 (720ml, 420g)		거품기
식용유 3큰술 (45ml, 40g)		스크래퍼
		밀대
		프라이팬

Matsuri H　항상 어려운 레시피 인쇄해서 엄청 읽어가며 힘들게 만들었었는데 가이버님 영상보고 어려운 레시피 틀을 깨버렸어요!

온온　발효빵은 복잡해 엄두도 못 냈는데 간단하게 만들 수가 있군요! 물에 혼자 떠오르는 게 귀엽기까지 합니다.

꿍ㅇyellocream　베이글을 발효 없이 만들 수 있는 줄 몰랐어요. 통밀 대신 우리밀 백미를 사용했는데 제 입맛에 딱이네요. 너무 좋아서 제 주특기로 하려고요.

1 뜨거운 물 1컵(240ml, 240g)에 설탕 3큰술(36g),
소금 1/2작은술(3g)을 넣고 거품기로 저어 설탕
과 소금을 녹인다.
❗ 녹여주면서 물 온도가 발효에 알맞게 식어요.

2 인스턴트 드라이이스트 2작은술(6g), 통밀가루
1컵(140g), 식용유 3큰술(40g) 넣고 거품기로 잘
섞은 후, 통밀 2컵(280g)을 넣고 스크래퍼로 섞
는다.

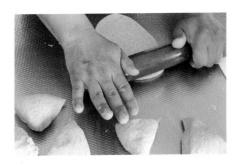

3 3분간 손반죽한 후, 반죽을 8등분하여 한 뼘 정
도 되도록 밀대로 밀어 타원형으로 만든다.

4 반죽을 위에서부터 말고 굴려서 30cm정도 길이
로 늘려준 후, 고리 모양으로 만들어준다.
❗ 이음매 부분 벌어지지 않게 마무리해주세요.
💧 180도(355F)로 오븐 예열 시작 (6~7분 소요)

5 프라이팬에 반죽 넣고 끓인 물 2L 정도를 붓는다. 30초 경과하면 반죽 뒤집어 다시 30초 기다린 다음 꺼내고, 식용유 발라준 베이킹 팬에 올린다.

6 180도(355F) 컨벡션으로 약 18분~20분 굽는다.

Part 3 _____

선물하기 좋은 구움과자

호박빵

Pumpkin Pound Cake

호박이 들어가 빵 속 노란 색감이 먹음직스러운 빵입니다. 반죽도 한 번에 섞어주면 끝나는 초간단한 맛있는 호박빵을 만들어 보세요.

난이도 ★　 1시간　　　

재료	1개 분량

삶은 호박 1컵 (240ml, 250g)

설탕 1컵 (240ml, 200g)

소금 1/2작은술 (3g)

식용유 1/3컵 (80ml, 70g)
- 녹인 무염버터 같은 양으로 대체 가능

달걀 2개 (100g) - 실온 상태

바닐라 익스트랙 1작은술 (5ml, 5g) - 생략 가능

중력분 (or 박력분) 2컵 (480ml, 290g)

베이킹 파우더 1큰술 (15ml, 12g)

호두 1/2컵 (120ml, 50g)
- 다져서 준비, 다른 견과류 대체 가능

도구

파운드 케이크 틀 (11cm×21cm×6cm)

압력밥솥 (or 냄비)

필러

포테이토 매셔 (or 포크)

볼

계량컵

거품기

체

스패츌러

조회수
Best 2

> **Adgjetupxv**　세상에 너무 맛있어요! 레시피가 정말 정말 간단해서 반죽은 15분만에 휘리릭 만들었어요. 그동안 파운드 엄청 공들여서 만들었었는데 그 시간들이 허무해져요. 저의 시간을 지켜주셔서 정말 감사합니다!
>
> **야옹J**　빵 처음 만들어 봤는데 호주가이버님 덕분에 정말 완벽한 주말 아침을 보낼 수 있었어요! 겉면 완전 바삭바삭!!! 따뜻한 아메리카노랑 같이 먹는데 한 번에 성공한 것도, 거기에 너무너무 맛있는 것도 기분 좋아서 계속 웃으면서 먹었어요. 완전 행복합니다!

1 호박 껍질을 벗겨 잘게 잘라 압력밥솥(or 냄비)에 넣고 물 1/4컵(50g)을 추가해 센불로 익힌다. 끓어오르면 약불로 줄여 10분간 더 삶는다.

2 삶은 호박을 으깨 1컵(250g) 넣고 설탕 1컵(200g), 소금 1/2작은술(3g), 식용유 1/3컵(70g), 실온 달걀 2개(100g), 바닐라 익스트랙 1작은술(5g)을 넣어 거품기로 잘 섞는다.

3 밀가루 2컵(290g), 베이킹 파우더 1큰술(12g)을 체 쳐 넣고, 거품기로 마른 가루가 안 보일 때까지만 살짝 섞는다.

4 🔥180도(355F)로 오븐 예열 시작
파운드 케이크 틀에 식용유를 바른다.

5 반죽을 틀에 넣고 고르게 펼쳐준다. 다져둔 호두 1/2컵(50g)을 반죽 윗면에 올려준다.

6 180도(355F) 컨벡션으로 45분~50분간 굽는다.

오렌지 파운드 케이크
Orange Pound Cake

오렌지의 상큼한 향과 맛이 가득한 빵입니다. 후기를 보니 국내에서는 천혜향이나 한라봉으로도 많이 만드셨다고 하네요. 얇게 자른 오렌지 얹어 선물용으로도 좋고, 커피나 차 한 잔과도 곁들이기 좋습니다.

난이도 ★   1시간 10분

재료	1개 분량
오렌지 큰 사이즈 1개	
달걀 3개 (150g)	
식용유 1/2컵 (120ml, 110g)	
설탕 1/2컵 (120ml, 100g)	
소금 1/2작은술 (3g)	
박력분 (or 중력분) 2컵 (480ml, 290g)	
베이킹 파우더 1큰술 (15ml, 10g)	

도구

파운드 케이크 틀 (11cm×21cm×6cm)

볼

계량컵

거품기

스크래퍼

믹서

칼

Cat Yoon   말린 크랜베리와 견과류 토핑해서 머핀틀에 구웠는데 진짜 완벽한 베이커리 머핀 같았어요! 지인들한테 각각 6개씩 포장해서 아침에 커피랑 먹으라고 줬더니 다들 너무 좋아하더군요.

22두콩   저 방금 해먹었는데 진짜 오렌지 향이 가득하고 겉바속촉입니다!!! 너무너무 맛있습니다. 이 레시피가 제일 쉽고 심지어 너무 맛있습니다.

Harriet Lee   제가 했던 파운드케이크 레시피보다 설탕이 훨씬 적게 들어가서 담백했어요. 남편은 카스텔라 빵으로 알고 먹었습니다. 일반 파운드보다 훨씬 소프트하고 가벼워서 정말 맛있었습니다.

1 오렌지 1개를 베이킹 소다와 따뜻한 물로 깨끗이 씻은 후, 양쪽 끝은 잘라내고 8등분한다.

2 믹서에 오렌지, 실온 달걀 3개(150g), 식용유 1/2컵(110g), 소금 1/2작은술(3g), 설탕 1/2컵(100g)을 넣고 오렌지가 곱게 갈릴 때까지 돌려준다.

💧 180도(355F)로 오븐 예열 시작

3 밀가루 2컵(290g), 베이킹 파우더 1큰술(10g)을 체 쳐 넣고, 거품기나 스패츌러로 마른 가루가 안 보일 때까지만 섞는다.

4 파운드 틀에 식용유 바르고, 반죽 부어 고르게 펼쳐준다.

❗ 토핑으로 견과류 올려도 좋아요.

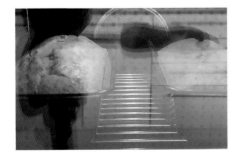

5 180도(355F) 컨벡션으로 약 45분~50분간 굽는다.

이렇게 먹어도 맛있어요   *Yummy*

➕ 오렌지 즙과 슈가 파우더를 섞어 올려주면 상큼함이 배가되어요.

초콜릿 머핀
Chocolate Muffin

굽는 내내 집안에 초콜릿 향이 가득해서 행복감이 저절로 샘솟게 됩니다. 생김새도 귀엽고 맛도 좋아 선물용으로도 아이들 간식으로도 손색없는 머핀을 간단하게 만들어보세요.

난이도 ★　 30분　

재료	12개 분량	도구
밀크 초콜릿 100g		12구 머핀 틀
뜨거운 물 1/2컵 (120ml, 120g)		볼
인스턴트 커피 1큰술 (15ml, 6g) - 생략 가능		계량컵
코코아 파우더 4큰술 (60ml, 30g)		거품기
갈색 설탕 3/4컵 (180ml, 150g)		스패츌러
식용유 1/2컵 (120ml, 110g)		체
달걀 1개 (50g) - 실온 상태		머핀용 종이컵 12개
그릭 요거트 1/2컵 (120ml, 120g)		
중력분 (or 박력분) 1.5컵 (360ml, 215g)		
베이킹 파우더 1큰술 (15ml, 10g)		
다크 초코칩 3/4컵 (180ml, 150g)		

Candy Pops　진짜 촉촉하고 부드럽네요. 만들어 먹어봤는데 정말 맛있어요. 커피향이 은은하게 올라오는 게 좋네요. 덕분에 맛있는 머핀 먹었습니다.

엘레니　세상에 이렇게 촉촉한 초콜릿 머핀 있음 나와보라 하세요. 지금 막 구웠는데 정말 진하고 부드럽기가 말할 수 없어요. 호주가이버님 마법사입니다.

1 12구 머핀 틀에 머핀용 종이컵을 올려준다.

2 볼에 뜨거운 물 1/2컵(120g)을 넣고 인스턴트 커피 1큰술(6g)을 넣어 잘 녹인 후, 밀크 초콜릿 100g을 넣어 녹인다.

3 코코아 파우더 4큰술(30g)을 체 쳐 넣고 거품기로 잘 섞는다.

! 코코아 파우더가 뜨거운 물에 불려지며 초콜릿 맛이 더 깊어집니다.

4 갈색 설탕 3/4컵(150g), 식용유 1/2컵(110g), 달걀 1개(50g), 그릭 요거트 1/2컵(120g)을 넣고 거품기로 잘 섞는다.

5 볼에 밀가루 1.5컵(215g), 베이킹 파우더 1큰술 (10g)을 체 쳐 넣고, 거품기로 마른 가루가 안 보일 정도로만 살짝 섞은 후 스패츌러로 옆면을 정리한다.

6 다크 초코칩 1/2컵(100g)을 넣고 살짝 섞는다.
🌡 200도(390F)로 오븐 예열 시작

7 반죽을 1/3컵 정도씩 머핀용 종이컵에 넣고, 다크 초코칩 1/4컵(50g)을 골고루 나눠 반죽 위에 올린 후 젓가락으로 살짝 펼쳐준다.
! 짤주머니를 이용해 반죽을 넣으면 훨씬 더 깔끔하고 편리해요.

8 200도(390F) 컨벡션으로 5분 구운 후, 180도 (355F)로 낮춰 약 15분 더 굽는다.

레몬 쿠키
Lemon Cookies

슬슬 몇 번 섞어주면 반죽 끝! 너무 쉬운데 맛도 좋은 레몬 쿠키입니다. 냉장실이나 냉동실에 넣어 차갑게 먹으면 시원하고 상큼하게 더욱 기분 좋아지는 맛입니다.

난이도 ★★ 2시간

재료	12개 분량

가염 버터 1/2컵 (120ml, 120g)
- 실온 상태, 무염 버터도 가능

설탕 1/2컵 (120ml, 100g)
- 더욱 쫀득한 식감을 내려면 설탕을 두 배로 넣어요

달걀 1개 (50g)

레몬 1개 분 제스트

레몬즙 1/4컵 (60ml, 60g)

중력분 1.5컵 (360ml, 215g)

베이킹 소다 1/3작은술 (2g)

슈가 파우더 약간

도구

베이킹 팬

볼

계량컵

거품기

스패츌러

치즈 그레이터 (or 강판) - 레몬 제스트용

레몬 착즙기

체

베이킹 페이퍼

해딩딩 쿠키는 무조건 박력분 사용해야 되는 줄 알았는데 중력분도 된다는 걸 호주가이버님 덕에 알았네요. 애매하게 남았던 중력분으로 맛있는 쿠키를 만들었네요. 차갑게 먹으니 더 맛있어요.

김도희 에어프라이어로 160도에 18분 구웠는데 잘 나오네요! 설탕은 한 컵 넣었고 냉장고에 넣어뒀다가 먹으니까 쫀득하고 상큼하고 너무 맛있습니다!

Evelyn W 레몬 쿠키 레시피 보고 오늘 만들어봤는데 진짜 너무 간편하면서, 맛 또한 너무너무 맛있어요! 어쩜 이리 좋은 레시피를 올려 주셨는지 정말 감사드려요! 지금 순식간에 두 개째 먹으면서 기뻐서 댓글 쓰고 있어요.

1 그레이터를 사용해 레몬 1개에서 노란 껍질 부분만 깎아낸다.

! 노란 껍질 안쪽의 흰 부분은 쓴 맛이 나니 되도록 사용하지 않아요.

2 껍질 벗겨낸 레몬을 착즙한다.

! 시판용 레몬즙이나 레몬주스 사용하셔도 좋아요.

3 실온 상태의 가염 버터(120g)에 설탕 1/2컵(100g)을 넣고 거품기로 살짝 섞은 후, 달걀 1개와 레몬 제스트, 레몬즙(60g)을 넣고 잘 섞는다.

! 무염 버터 사용시 소금 한 꼬집 넣어주세요.

4 밀가루 1.5컵(215g), 베이킹 소다 1/3작은술(2g)을 체 쳐 넣고 가루가 안 보일 정도로만 섞는다.

5 뚜껑이나 랩으로 덮어 냉장실에서 약 1시간 동안
   굳힌다.

6 🜄 180도(355F)로 오븐 예열 시작
   반죽을 크게 한 스푼 떠서 볼 모양으로 만든 후
   슈가 파우더에 굴려준다. 베이킹 페이퍼 깔아 둔
   팬 위에 올려준다.

7 180도(355F) 컨벡션으로 15분간 굽는다.

8 팬 위에서 그대로 30분 정도 식힌 후에 식힘망
   으로 옮긴다.
   ! 갓 구워진 쿠키를 바로 옮기면 부서질 수 있어요.

아마레티 아몬드 쿠키

Amaretti Almond Cookies

맛은 마카롱 맛인데 만들기는 100배 쉬운 이탈리아의 아마레티 쿠키입니다. 너무 가벼워 휙불면 날아가 버릴 것 같은 독특한 식감을 느낄 수 있습니다.

난이도 ★★　 30분　

재료　　　　　　　　 12개 분량	도구
달걀 2개 분 흰자 (65g) – 실온 상태	베이킹 팬
설탕 1/2컵 (120ml, 100g)	볼
아몬드 가루 2컵 (480ml, 240g)	계량컵
설탕 약간 + 슈가 파우더 약간 - 토핑용	핸드믹서
	체
	스패츌러
	베이킹 페이퍼

Camijosh　휘낭시에 만들고 남은 아몬드 가루 60g으로 이 레시피대로 쿠키를 구웠어요. 머랭만 단단하게 올리면 크랙있는 바삭하고 쫄깃한 쿠키가 나오네요!

EUNHYE LEE　지인 선물로 만들었는데 너무 만족스러웠어요! 쉽고 맛있고 정말 최고예요. 단점은 맛있어서 너무 많이 먹게 되네요.

1 볼에 달걀 2개 분 흰자(65g)를 넣고, 핸드믹서로
   30초 고속으로 휘핑해 거품을 만든다.
   ! 머랭을 제대로 만드는 3가지 조건
   ① 실온 달걀 사용 ② 물이나 노른자 등 이물질 섞이
   지 않게 하기 ③ 핸드믹서는 고속

2 설탕 1/2컵(100g)을 넣고 고속으로 2분간 더 휘
   핑한다. 머랭에 윤기가 나고 스패츌러로 떠 봤을
   때 떨어지지 않으며 끝부분이 살짝 구부러지면
   완성이다.

3 볼에 아몬드 가루 2컵(240g)을 체 쳐 넣는다.

4 머랭이 최대한 꺼지지 않도록 스패츌러로 둥그
   렇게 퍼 올리고 11자로 자르듯 섞는다.

5 🔥170도(335F)로 오븐 예열 시작
팬 위에 식용유 살짝 발라 그 위에 베이킹 페이퍼 올려준다.

6 반죽을 크게 한 스푼 떠서 설탕에 살살 굴린다.
손으로 가볍게 만지며 동그란 볼 모양을 만든다.

7 볼 모양 반죽을 슈가 파우더가 담긴 그릇에 넣어 굴린 후, 베이킹 페이퍼 깔린 팬 위에 올리고 살짝 눌러 납작하게 만든다.
! 한 번만 눌러 납작하게 만들어요. 손으로 많이 만지면 크랙이 안 생길 수 있어요.

8 170도(335F)로 팬 돌리지 않고 약 20분간 굽는다.
! 구워진 쿠키는 5분~10분 가량 팬 위에 그대로 둔 뒤 식힘망으로 옮겨주세요. 오븐에서 꺼낸 쿠키를 바로 옮기면 부서질 수 있어요.

초코칩 쿠키
Choco Chip Cookies

요즘 대세인 르뱅 쿠키입니다. 입맛에 따라 쫀득하게 또는 바삭하게 구울 수 있습니다. 냉장고에 1시간 숙성한 후 구워주면 쫀득하게 완성되고, 숙성 없이 구워주면 바삭한 초코칩 쿠키가 완성됩니다.

난이도 ★★   1시간 30분

재료	8개 분량

도구

무염 버터 1/2컵 (120ml, 115g) – 실온 상태

백설탕 1/3컵 (80ml, 65g)

흑설탕 1/3컵 (80ml, 65g)

소금 1/3작은술 (2g)

달걀 1개 (50g) – 실온 상태

바닐라 익스트랙 1작은술 (5ml, 5g)

중력분 (or 박력분) 1컵 + 1/4컵 (300ml, 180g)

옥수수 전분 1큰술 (15ml, 9g)

베이킹 소다 1/2작은술 (2g)

초코칩 1컵 (240ml, 170g)

호두 1컵 (240ml, 120g)

도구

베이킹 팬

볼

계량컵

체

스패츌러

베이킹 페이퍼

이진경 정말 맛있어서 고마운 분들께 쿠키 구워 선물했더니 반응이 폭발적이었답니다. 좋은 레시피 덕분에 칭찬 많이 들었어요.

까꿍 최고! 여태까지 만들어 본 쿠키 중 최고로 맛있어요! 쿠키는 만들어 먹어보면 다 비슷해서 안 하게 되었었는데 진짜 맛있어요! 겉바속촉 너무 달지도 않고 최고!! 아몬드 넣어 만들었는데 정말 예술입니다. 이거 먹으면 다른 초코칩 쿠키 못 먹어요!

1 볼에 실온 무염 버터 1/2컵(115g), 백설탕 1/3컵 (65g), 흑설탕 1/3컵(65g), 소금 1/3작은술(2g), 실 온 달걀 1개(50g), 바닐라 익스트랙 1작은술(5g) 을 넣고 스패츌러로 잘 섞는다.

2 밀가루 1컵+1/4컵(180g), 옥수수 전분 1큰술(9g), 베이킹 소다 1/2작은술(2g)을 체 쳐 넣고 마른 가 루가 안 보일 정도로만 섞는다.

3 반죽에 초코칩 1컵(170g), 호두 1컵(120g)을 넣고 살짝 섞는다.

4 반죽을 8등분하고 볼 모양으로 만들어 랩으로 덮고, 냉장실에서 1시간 굳힌다.
🔥 180도(355F)로 오븐 예열 시작 (약 5분~10분)

5 베이킹 페이퍼를 깐 팬에 반죽을 옮기고, 160도 (320F) 컨벡션으로 약 15분~18분 굽는다.
❗ 구워진 쿠키는 팬 위에 30분 이상 그대로 두었다 가 식힘망으로 옮기세요. 오븐에서 꺼낸 쿠키를 바 로 옮기면 부서질 수 있어요.

서브웨이 스타일 쿠키
Subway style Cookies

쫀득하고 진한 단맛의 쿠키가 생각날 때 간단하게 만들어보세요. 오리지널 식감의 서브웨이 쿠키를 집에서 맛볼 수 있습니다.

난이도 ★★   2시간

재료	8개 분량	도구
우유 1/4컵 (60ml, 60g)		베이킹 팬
무염 버터 1/2컵 (120ml, 120g) - 실온 상태		볼
백설탕 1/3컵 (80ml, 65g)		거품기
흑설탕 2/3컵 (160ml, 140g)		계량컵
소금 한 꼬집		체
바닐라 익스트랙 1작은술 (5ml, 5g)		스패츌러
중력분 1컵 + 3/4컵 (420ml, 255g)		베이킹 페이퍼
베이킹 파우더 2작은술 (10ml, 5g)		
마카다미아 1/2컵 (120ml, 60g)		
화이트 초코칩 1/2컵 (120ml, 70g)		

Fall in bread   서브웨이 스타일 쿠키가 이렇게나 맛날 줄이야! 아이스 아메리카노랑 먹으니 하나는 그냥 뚝딱입니다. 강추합니다. 쫀득쫀득 오리지널 서브웨이 쿠키 만들어보세요.

MJ L   이 레시피 정말 간단하고 맛있어서 세 번이나 만들어 먹었어요

1 볼에 우유 1/4컵(60g), 녹인 무염 버터 1/2컵(120g), 백설탕 1/3컵(65g), 흑설탕 2/3컵(140g), 소금 한 꼬집, 바닐라 익스트랙 1작은술(5g)을 넣고 거품기로 잘 섞는다.

2 밀가루 1컵 + 3/4컵(255g), 베이킹 파우더 2작은술(5g)을 체 쳐 넣고, 스패출러로 마른 가루가 안 보일 때까지만 가볍게 섞는다.

3 마카다미아 1/2컵(60g), 화이트 초코칩 1/4컵(35g)을 넣고 살짝 섞은 후, 냉장실에서 약 1시간 굳힌다.

4 🔥 180도(355F)로 오븐 예열 시작 (약 10분)
반죽 8등분하여 각 덩이를 동그란 볼 모양으로 만든 후, 베이킹 페이퍼 깔아준 팬 위에 올린다.

5 볼 모양의 반죽을 손으로 눌러 살짝 납작하게 만
든다. 화이트 초코칩 1/4컵(35g)을 팬닝한 반죽
위에 올린다.

6 180도(355F) 컨벡션으로 약 12분~15분 굽는다.

❗ 구운 쿠키는 팬 위에서 30분 이상 그대로 식힌 후
식힘망으로 옮기세요. 오븐에서 꺼낸 쿠키를 바로
옮기면 부서질 수 있어요.

오트밀 쿠키
Oatmeal Cookies

밀가루가 전혀 들어가지 않은 글루텐 프리 오트밀 쿠키입니다. 고소하면서도 바삭하게 씹히는 식감이 일품입니다.

난이도 ★★   30분

재료	8개 분량

오트밀 2컵 + 1/2컵 (600ml, 225g) + 소량

건포도 1/2컵 (120ml, 80g)

흑설탕 1/2컵 (120ml, 100g)
- 갈색 설탕, 백설탕으로 대체 가능

소금 한 꼬집

옥수수 전분 (or 감자 전분) 1큰술 (15ml, 8g)

베이킹 파우더 1작은술 (4g)
- 베이킹 소다 1/2작은술 (2g)로 대체 가능

달걀 1개 (50g) - 실온 상태

바닐라 익스트랙 1작은술 (5ml, 5g)

무염 버터 90g - 실온 상태

호두 1/2컵 (120ml, 60g)

도구

베이킹 팬

믹서 (or 푸드 프로세서)

계량컵

볼

스패츌러

Yun-a   기본 레시피도 너무 맛있는데, 건포도 대신 코코아파우더 2스푼 넣고 설탕 20g 줄여 만들어 봤는데 이것도 맛있어요!

박귀영   바로 만들어 봤습니다. 설탕 20g 줄여서 했는데 식감과 맛 모두 좋았습니다. 아침에 이 오트밀쿠키와 우유면 좋겠어요. 커피와 먹어도 좋겠고요.

농농구   건포도 대신 초콜릿 갈아서 넣었는데 달기도 적당하고 맛났어요. 남편이 일어나서 쿠키, 자기 전에도 쿠키를 외쳤어요.

1 믹서에 오트밀 2컵(180g)과 건포도 1/2컵(80g)을 넣고 곱게 갈아준다

! 건블루베리나 크랜베리로 대체 가능

2 1번에 흑설탕 1/2컵(100g), 소금 한 꼬집, 옥수수 전분 1큰술(8g), 베이킹 파우더 1작은술(4g)을 넣고 스패츌러로 잘 섞는다.

3 달걀 1개를 포크로 잘 풀어 넣고, 바닐라 익스트랙 1작은술(5g)과 무염 버터(90g)을 넣어 스패츌러로 잘 섞는다.

4 오트밀 1/2컵(45g)과 다진 호두 1/2컵(60g)을 넣고 잘 섞는다.

! 호두 대신 선호하는 견과류 혹은 초코칩을 넣어도 좋아요.

5 💧 160도(325F)로 오븐 예열 시작(약 5분~6분)
반죽 8등분하여 동그란 볼 모양으로 뭉친 후, 베이킹 페이퍼 깐 팬 위로 올려주고 손으로 누른다.

6 오트밀 소량을 쿠키 반죽 위에 올린다.

7 160도(325F) 컨벡션으로 약 18분 굽는다.
❗ 팬 없는 오븐의 경우 175도로 구워주세요.

8 구워진 쿠키는 팬 위에 30분 이상 그대로 두어 식힌 후, 식힘망으로 옮긴다.

레몬 마들렌
Lemon Madeleine

프랑스의 대표적인 티 쿠키(tea cookie)로 커피나 차에 곁들여 먹기 좋은 마들렌입니다. 부드러운 달콤함에 상큼함이 가미된, 매력적인 맛을 지닌 레몬 마들렌을 만들어보세요.

난이도 ★★　 1시간　　

재료	12개 분량	도구

마들렌 반죽

레몬 1개 분 제스트

설탕 1/4컵 (60ml, 50g)

소금 한 꼬집

달걀 1개 (50g) - 실온 상태

우유 2큰술 (30ml, 30g)

중력분 1/2컵 (120ml, 70g)

아몬드 가루 2큰술 (30ml, 12g)

베이킹 파우더 1/2작은술 (2g)

무염 버터 70g

레몬 글레이즈

슈가 파우더 1/2 컵 (120ml, 60g)

레몬즙 1큰술 (15ml, 15g)

도구

12구 마들렌 틀

볼

그레이터 (or 강판) - 레몬 제스트용

계량컵

거품기

체

스패츌러

짤주머니

브러시

라떼 방금 만들었는데 가족들이랑 먹어서 순식간에 없어졌어요. 진짜 한 3분만에 다 먹은 듯해요. 과정이 간단하니 빨리 먹어도 덜 속상하네요. 맛도 짱입니다!

은기 마들렌 팬 사서 처음 해봤는데 너무 쉽고 맛있게 잘 만들어져서 선물도 했는데 반응이 굿~! 너무 감사해요.^^

Hanah Lee: 오늘 덕분에 맛난 레몬 글레이즈 마들렌을 만들었습니다. 아이들과 남편과 친구들에게 줄 거예요. 너무 맛있네요.

1 레몬 1개를 베이킹 소다와 따뜻한 물을 이용해 깨끗이 닦고 글레이터로 노란색 껍질 부분만 갈 아준다.

2 레몬 제스트에 설탕 1/4컵(50g), 소금 한 꼬집, 실온 달걀 1개(50g), 우유 2큰술(30g)을 넣고 거 품기로 설탕이 녹을 때까지 잘 섞는다.

3 밀가루 1/2컵(70g), 아몬드 가루 2큰술(12g), 베이 킹 파우더 1/2작은술(2g)을 체 쳐 넣고, 마른 가 루가 안 보일 정도로만 섞는다.

4 녹인 무염 버터(70g)를 반죽에 넣어 잘 섞는다.

5 🔥 180도(355F)로 오븐 예열 시작
반죽을 짤주머니에 담아 마들렌 틀의 80%정도
올라오도록 짜준다.

6 180도(355F) 컨벡션으로 약 12분 굽고, 뜨거울 때
바로 틀에서 분리해 옆으로 세워 30분간 식힌다.

7 슈가 파우더 1/2컵(60g)에 레몬즙 1큰술(15g)을
넣어 레몬 글레이즈를 만들고 브러시로 마들렌
밑면에 발라준다.

8 오븐에 넣고 100도(210F)로 약 1분 돌리면 글레
이즈가 잘 굳는다.

휘낭시에
Financier

휘낭시에(Financier)는 작은 직사각형 금괴 모양의 틀에서 구워지는데, 프랑스어로 Financier는 '금융가'라는 뜻으로 그 모양이 금괴를 닮아 이름 붙여졌다고 합니다. 달콤고소한 휘낭시에로 부엌이 Paris patisserie로 바뀌는 마법을 경험할 수 있습니다.

난이도 ★★ 30분

재료	12개 분량	도구
무염 버터 120g		휘낭시에 틀 - 머핀 틀로 대체 가능
달걀 4개 분 흰자 (136g)		소스팬(or 작은 냄비)
설탕 1/2컵 (120ml, 100g)		스패츌러
소금 한 꼬집		체
중력분 1/2컵 (120ml, 70g)		볼
아몬드 가루 2/3컵 (160ml, 80g)		거품기
		계량컵
		짤주머니

hyesook kim   와아~! 이렇게 맛있다니요. 고급 프랑스 베이커리에서 사온 거 같아요. 고급진 맛에 자꾸 먹게 되네요.

twinkle twinkle   예전부터 만들어보고 싶었던 휘낭시에 레시피 알려주셔서 감사합니다. 온도는 낮춰서 했는데요. 브라운 버터향이 참 좋고 겉바속촉으로 잘 구워졌네요.

1 무염 버터(120g)를 팬에 넣어 중약불로 가열하
고, 색이 황금색이 되고 바닥에 갈색 침전물이
많이 생기면 불에서 내려 체로 한 번 걸러준다.

! 가끔 한 번씩 저어주세요.

2 달걀 4개 분 흰자, 설탕 1/2컵(100g), 소금 한 꼬
집을 넣고 거품기로 저어 설탕과 소금을 녹인다.

! 너무 세게 저으면 흰자 거품이 생기니 주의하세요.

3 🔥190도(375F)로 오븐 예열 시작
틀에 식용유 혹은 녹인 버터를 바른다.

! 반죽에 버터가 많이 들어가 잘 떨어지므로 살짝만
발라주세요.

4 밀가루 1/2컵(70g)과 아몬드 가루 2/3컵(80g)을
체에 내려준다.

5 재료를 모두 거품기로 잘 섞은 후, 준비해 둔 브라운 버터를 넣어 섞는다.

! 버터가 반죽과 분리되지 않고 잘 섞이면 끝!

6 짤주머니에 반죽 넣어, 휘낭시에 틀의 70% 정도 올라오도록 짜준다.

! 틀을 바닥에 서너 번 두드려 기포를 제거하세요.

7 190도(375F) 컨벡션으로 약 15분~17분 굽는다.

! 팬 없는 오븐은 온도를 10도 정도 올려서 구워주세요.

8 오븐에서 꺼낸 후 바로 옆으로 세워 겉이 바삭하게 될 때까지 1시간 정도 식힌다.

파운드 케이크
Classic Pound Cake

4가지 재료(버터, 달걀, 설탕, 밀가루)를 1파운드(약 450g)씩 넣어 만든다 하여 이름 붙여진 파운드 케이크입니다. 진한 버터 풍미가 좋은 단단한 파운드 케이크를 만들어 보세요.

난이도 ★★　　1시간 10분　

재료

무염 버터 250g - 실온 상태

설탕 1컵 (240ml, 200g)

소금 한 꼬집

달걀 5개 (250g)

바닐라 익스트랙 1.5작은술 (7g)

박력분 1컵 + 3/4컵 (420ml, 250g)

도구

파운드 케이크 틀 (11cm×21cm×6cm)

볼

계량컵

핸드믹서

스패츌러

베이킹 페이퍼

치키치키　태어나서 첫 베이킹 해봤는데, 성공했어요!! 너무 신기해요.

Clark알레스카in구미오　너무 너무 맛있게 됐어요. 맛도 눈도 너무 즐거웠답니다. 쉽고 간단, 맛은 최고~옆집 할머니들과 나누어 먹었어요.

1 파운드 틀에 식용유 바르고, 틀의 높이보다 올라
오게 베이킹 페이퍼를 깔아준다.

2 실온의 무염 버터 250g에 설탕 1컵(200g), 소금 1
꼬집을 넣고, 핸드믹서 고속으로 4분 정도 휘핑
하여 버터를 크림화한다. 중간에 한두 번 스패츌
러로 옆면을 정리한다.

3 실온 달걀 5개를 한 개씩 나누어 넣으며 휘핑한
다. 이어 바닐라 익스트랙 1.5작은술(7g)을 넣고
살짝 섞는다.
 180도(355F)로 오븐 예열 시작

4 밀가루 1컵+3/4컵(250g)을 4번에 나눠 넣으며
섞고, 준비된 파운드 틀에 반죽 부어 골고루 펼
쳐준다.
! 밀가루 투입 후 휘핑은 최소한으로 해주세요.

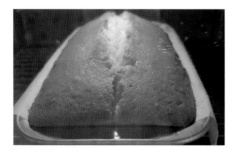

5 180도(355F)로 팬 돌리지 않고 약 1시간 굽는다.
! 젓가락으로 찔러 묻어나는 게 없는지 확인해 주세
요.

애플 시나몬 빵
Apple Cinnamon Pound Cake

커다란 사과가 2개나 들어간 빵입니다. 사과즙과 어우러진 계피의 특별한 달콤함이 매력적입니다. 빵 표면은 바삭바삭해서 쿠키 같은 느낌이고 속은 촉촉하면서도 머핀과 같은 단단함이 있어, 슬라이스하여 커피나 차와 함께 하기 좋습니다

난이도 ★★   1시간

재료	1개 분량

사과 2개 (약 200g) - 채 썰어 준비

설탕 1컵 (240ml, 200g)

소금 1/2작은술 (3g)

시나몬 파우더 1작은술 (3g) - 생략 가능

다진 호두 1컵 (100g)

식용유 1/2컵 (120ml, 110g) + 소량

달걀 4개 (200g) - 실온 상태

중력분 (or 박력분) 2컵 (480ml, 280g)

베이킹 파우더 1큰술 (15ml, 10g)

아몬드 슬라이스 소량 - 생략 가능

도구

정사각형 틀 (20cm×20cm)

볼

채칼

계량저울

주걱

체

베이킹 페이퍼

장세리님 제가 이걸 만들고 가족들한테 극찬을 받았지 뭐예요. 오븐이 없어서 밥솥에 했는데 됐어요!(만능찜50분) 너무 너무 맛있어서 지금도 한 솥 굽고 있답니다!

gardenY 양을 반으로 줄여 쭈그러진 사과 한 개 처치해서 어제 맛있게 만들어먹고 오늘 또 냉장고 뒤져 먹다 남은 사과 찾아 구웠어요. 간단히 쉽게 만들 수 있는데 매우 맛있어요!

1 채 썰어둔 사과에 설탕 1컵(200g), 소금 1/2작은
술(3g), 시나몬 파우더 1작은술(3g), 다진 호두 1
컵(100g)을 넣고 섞는다.

! 사과를 갈아서 사용하면 산화가 일어나 갈변되고
빵이 떡 질 수 있어요.

2 🔥180도(355F)로 오븐 예열 시작
정사각형 틀에 식용유 바르고, 밑면에 베이킹 페
이퍼를 깔아 준비한다.

! 일반 파운드 케이크 틀을 사용할 경우 반죽량을
2/3로 줄여서 구워주세요.

3 반죽에 식용유 1/2컵(110g)과 실온 달걀 4개를
넣고 잘 섞는다.

! 식용유는 콩기름, 옥수수유, 카놀라유 등 식물성
오일을 사용해요. 올리브유는 향이 강해 빵 맛이 달
라질 수 있어요.

4 밀가루 2컵(280g), 베이킹 파우더 1큰술(10g)을
체 쳐 넣고, 마른 가루가 안 보일 정도로만 가볍
게 섞는다.

! 오래 섞으면 글루텐이 생겨 단단한 빵이 되거나 잘
부풀지 않을 수 있어요.

5 틀에 반죽을 붓고 윗면에 아몬드 슬라이스를 올
려준다.

  ❗ 다른 견과류로 대체해도 좋아요.

6 180도(355F) 컨벡션으로 약 40분 굽는다.

  ❗ 젓가락으로 찔러본 후 묻어 나오는 게 없으면 완성!

머핀 바닐라·블루베리·초코칩·크랜베리

Muffin

반죽 5분이면 끝나는 간단한 머핀 만들기입니다. 기본 머핀 반죽 하나로 견과류, 베리, 초코칩 등 토핑만 달리 하면 수십 가지도 넘는 다양한 머핀을 만들어 먹을 수 있습니다.

난이도 ★★　　35분　　

재료	12개 분량	도구
무염 버터 1/2컵 (120ml, 120g)		12구 머핀 틀
우유 1/3컵 (80ml, 80g) – 실온 상태		볼
플레인 요거트 1/2컵 (120ml, 140g)		계량컵
달걀 2개 (100g) – 실온 상태		거품기
바닐라 익스트랙 1.5작은술 (8g)		체
소금 1/2작은술 (3g)		스패츌러
설탕 3/4컵 (180ml, 150g)		
중력분 (or 박력분) 2컵 (480ml, 290g)		
베이킹 파우더 1큰술 (10g)		

Grace Kim　다른 레시피로 했다가 모두에게 외면당한 후 자존감이 떨어졌었는데 이걸로 다시 주변인들께 나눠주고 맛있다는 소리 들어서 행복합니다.

신이첼　간단하게 후다닥 블루베리 머핀 만들고 싶어서 이 영상보고 좀 전에 만들어봤는데 완전 촉촉하고 맛있어요! 전 블루베리 같이 믹스해서 호두 토핑 했는데 진짜 맛나요.

1 머핀 틀 12구에 머핀용 종이를 끼워 넣는다.

2 볼에 밀가루와 베이킹 파우더 제외한 모든 재료를 넣고 거품기로 잘 섞는다.

! 재료는 가급적 실온의 재료를 사용하세요. 설탕은 줄이셔도 됩니다.

3 밀가루 2컵(290g), 베이킹 파우더 1큰술(10g)을 체 쳐 넣고 마른 가루가 안 보일 정도로만 살짝 섞는다.

🔥 220도(420F)로 오븐 예열 시작

4 반죽을 머핀 틀의 70% 정도 높이에 오도록 채운다.

5 블루베리, 초코칩, 크랜베리 등을 각각 반죽 속
에 넣어 섞거나 토핑한다.

6 220도(420F)로 5분 굽고, 180도(355F)로 온도 낮
추어 15분~20분 정도 더 굽는다.

! 처음 높은 열로 굽기 시작해야 한쪽으로 쏠리는 현
상이 없어요.

잉글리시 스콘
Scone

스콘은 오래 전부터 영국, 아일랜드, 스코틀랜드의 주요 음식 중 하나입니다. 우리나라에서도 크게 대중화되어 빵집에서 기본적으로 볼 수 있는 과자가 되었죠. 과일잼이나 버터를 발라 먹어도 맛있고, 그냥 먹어도 맛있게 먹을 수 있는 스콘입니다. 4가지 재료만으로 정통 스콘의 맛을 느껴보세요.

난이도 ★★　🕐 30분　

재료	20개 분량

중력분 (or 박력분) 4컵 (960ml, 580g)

베이킹 파우더 1.5큰술 (15g)

슈가 파우더 1/2컵 (120ml, 60g)

가염 버터 (or 무염 버터) 120g

차가운 우유 1.5컵 (360ml, 360g)

달걀 1개 (50g) + 우유 1큰술 (15g) - 에그워시용

도구

베이킹 팬

볼

체

계량컵

거품기

스크래퍼

쿠키 커터 (지름 6cm)
- 쿠키커터 없으면 크기 비슷한 컵 사용 가능

💬

사만다　오늘 스콘을 또 구웠네요. 레시피보다 버터를 조금 더 넣어 그런지 정말 바삭하고 안은 촉촉, 맛은 고소했어요. 그동안 만든 빵 중에서 앞으로 가장 많이 구워 먹을 것 같아요.

레로로맘　저는 냉동피자도 오븐에 구우면 돌덩이를 만드는 사람인데, 이 스콘은 진짜 맛있게 만들었어요. 이제 심심할 때 뚝딱 만들어 먹어요.

신영희　시드니에 사는 66세 할머니입니다. 평소에 빵을 만들고 싶었지만 복잡할 것 같아 엄두가 안 나서 못했는데 우연히 선생님의 동영상을 보고 용기를 내서 따라 했더니 정말 간단하고 쉽게 맛있는 빵을 만들었습니다. 요즘 이 빵 저 빵 만드는 재미에 푹 빠졌습니다.

1 밀가루 4컵(580g), 베이킹 파우더 1.5큰술(15g), 슈가 파우더 1/2컵(60g)을 체 쳐 넣고 거품기로 잘 섞는다.

2 실온 버터 120g을 넣고 양손으로 잘 비벼주듯 가루와 섞어준다.

! 버터 뭉침이 없이 반죽이 빵 가루처럼 고슬고슬해 지면 되어요.

3 차가운 우유 1.5컵(360g)을 넣고 스크래퍼나 나무주걱으로 살짝 섞는다.

4 작업대에 덧가루를 충분히 뿌리고 반죽을 꺼내 반죽 위에도 덧가루를 뿌린다. 반죽이 살짝 원뿔 모양이 되도록 잡아준다.

5 원뿔 모양 반죽을 덧가루 뿌려놓은 옆으로 뒤집
어 주고 손으로 살짝 눌러 두께 2.5cm 정도 되는
원판 모양으로 만든다.

6 💧 200도(390F)로 오븐 예열 시작
쿠키 커터로 찍어 식용유 발라준 팬 위에 올려준
다. 여분의 반죽은 뭉쳐서 다시 펼쳐주고 쿠키커
터로 똑같이 찍어낸다.

7 달걀 1개에 우유 1큰술(15g)을 넣어 잘 풀어준 후,
브러시로 반죽 위에 발라준다.

8 200도(390F) 컨벡션으로 약 12~14분 굽는다.

대파 스콘
Spring onion Scone

한국의 대파는 특히 매우면서도 구워지고 나면 설탕을 넣은 듯 단맛이 살아납니다. 대파의 반전이 있는 대파 스콘입니다. 버터와 어우러져 달콤하고 고소한 맛이 살아있는 매력적인 스콘을 만들어보세요.

난이도 ★★　 1시간 15분　

재료	9개 분량	도구
대파 1개 (100g) - 편 썰기		베이킹 팬
소금 2/3작은술 (4g) - 파에 뿌려서 섞기		볼
달걀 1개 (50g)		계량컵
우유 1/2컵 (120ml, 120g)		스패츌러
설탕 1/4컵 (60ml, 50g)		칼
중력분 (or 박력분) 2컵 (480ml, 290g)		브러시
베이킹 파우더 1큰술 (15ml, 8g)		베이킹 페이퍼
무염 버터 100g		

💬

꿈여행자　그동안 제빵 성공한적이 없는 망손인데요. 호가님 덕분에 가족들이 처음으로 빵 맛나다고 난리났어요. 대파가 들어가서 달달담백하고 물리지않아요. 재밌고 쉽게 알려주셔서 감사드려요~!

오드리햇반　몇 번을 구웠는지 모르겠어요~! 다른 분들 영상도 많이 따라해 보았지만, 호가님 레시피가 담백하니 따라하기도 좋고 맛도 너무 좋습니다~!

종이피아노　시어머님 암수술 앞두시고 내일 병원가는 날인데, 힘내시라고 한번 만들어 봤어요. 다른 분들 레시피 열심히 보다가 마지막에 호주가이버님 영상 보고 이거다 싶어 만들었는데, 제가 그만 감동 받고 말았어요.ㅠㅠ 호주가이버님 레시피는 누구나 따라할 수 있는 쉬운 법으로 친근하게 알려주시는 마법같은 힘이 있어요. 누구나 시작해볼 수 있는 용기와 함께, 정말 감사합니다~!아프신 시어머니께도 충분히 위안이 될 훌륭한 맛이어요.

1 대파 한 뿌리를 잘게 다지고 소금 2/3작은술(4g)
을 올려 골고루 잘 섞는다.

2 달걀 1개(50g)를 살짝 풀어주고, 우유 1/2컵(120g)
과 설탕 1/4컵(50g)을 넣고 섞어 설탕을 잘 녹여
준다.

3 다른 볼에 밀가루 2컵(290g)과 베이킹 파우더 1
큰술(8g)을 체 쳐 넣고 살짝 섞는다.

4 3번에 무염 버터(100g)를 잘게 잘라 넣고, 손으
로 누르고 비벼가며 섞는다.
! 버터 덩어리가 보이지 않고 빵 가루처럼 고슬고슬
해지면 되어요.

5 4번에 2번을 부어 넣고 스패츌러로 마른 가루가
안 보일 정도로만 섞는다.
! 2번의 젖은 재료는 에그워시를 위해 2큰술 정도
남겨두세요.

6 🌢 200도(390F)로 오븐 예열 시작
두께 3cm, 가로 15cm, 세로 15cm의 정사각형으
로 만들고, 9개로 분할한다.

7 팬에 베이킹 페이퍼 깔고 반죽을 옮긴 후, 윗면
에 에그워시를 한다.

8 200도(390F)로 팬 돌리지 않고 18분~20분 정도
굽는다.

레몬 브라우니
Lemon Brownie

입맛을 돋우는 상큼함이 가득한 레몬 브라우니입니다. 간단하면서도 고급스러워 선물용으로 좋은 빵입니다.

난이도 ★★   1시간 10분

재료	1개 분량

반죽

무염 버터 200g – 실온 상태

설탕 1.5컵 (360ml, 300g)

소금 1/2작은술 (3g)

달걀 4개 (200g)

레몬 2개 분 제스트

레몬즙 4큰술 (60ml, 60g)

중력분 (or 박력분) 2컵 (480ml, 290g)

베이킹 파우더 1작은술 (5ml, 4g)

글레이즈

슈가 파우더 1컵 (120g)

레몬즙 2큰술 (30ml, 30g)

레몬 1개 분 제스트

도구

정사각형 틀 (28cm × 28cm)

그레이터 (or 강판)

착즙기

볼

계량컵

거품기

체

스패츌러

베이킹 페이퍼

Shery 독일에서 아이 생일파티 케이크로 만들어서 유치원에 보냈더니 아이들이 아주 맛있어 했다고 엄마들의 피드백이 있었어요~! 유럽에서도 통하는 맛입니다.

Kety dora 숙취에 레몬이 좋다 하길래 술이랑 같이 먹을 겸 집에서 간단히 만들어봤습니다. 지인들이 맛있다며 엄지 손가락을 올리더군요.

홍경 벌써 두 번이나 따라 만들어보았는데 제가 만들었던 빵 중에 제일 맛났어요!!! 친구들에게도 주니까 파는 것보다 낫다고 덕분에 금손 소리 들었네요.

1 레몬 3개 껍질을 벗겨 레몬 제스트를 준비하고 착즙기로 레몬즙도 착즙한다.

2 볼에 무염 버터(200g), 설탕 1.5컵(300g), 소금 1/2작은술(3g), 달걀 4개(200g)를 넣고 거품기로 잘 섞는다.

3 레몬 2개 분 제스트와 레몬즙 4큰술(60g)을 넣고 거품기로 살짝 섞는다.

! 너무 많이 섞으면 버터 분리 현상이 생길 수 있어요.

4 밀가루 2컵(290g), 베이킹 파우더 1작은술(4g)을 체 쳐 넣고 거품기나 스패츌러로 마른 가루가 안 보일 때까지만 섞는다.

5 🔥 180도(355F)로 오븐 예열 시작

베이킹 페이퍼 깔아 둔 정사각형 틀에 반죽을 골고루 붓는다.

! 틀과 빵 분리할 때 손잡이로 쓸 수 있게 페이퍼를 빵 틀 높이보다 3cm이상 더 올라오게 잘라주는 게 좋아요.

6 180도(355F)로 팬 돌리지 않고 약 25분 굽고, 식힘망 위에 올려 약 30분간 식힌다.

! 컨벡션만 되는 오븐이라면 160도(320F)로 25분 구워주세요.

7 슈가 파우더 1컵(120g), 레몬즙 2큰술(30ml, 30g)을 섞어 만든 글레이즈를 빵 위에 골고루 붓는다.

8 레몬 1개 분 제스트를 체 쳐 윗면에 골고루 뿌린다.

초콜릿 브라우니
Chocolate Brownie

초콜릿 케이크를 만들려다 실패한 베이킹이 '브라우니'로 탄생되었다는 초콜릿 브라우니입니다. 케이크보다 진하게 맛있는 브라우니를 35분 만에 손쉽게 만들어보세요.

난이도 ★★　 35분　

재료	1개 분량

무염 버터 2/3컵 (160ml, 150g)

다크 초코칩 1컵 (240ml, 170g)

설탕 1컵 (240ml, 200g)

소금 한 꼬집

달걀 3개 (150g) - 실온 상태

중력분 (or 박력분) 1/2컵 (120ml, 75g)

코코아 파우더 1/4컵 (60ml, 30g)

밀크 초콜릿 블록 120g - 생략 가능

도구

정사각형 틀 (20cm × 20cm)

볼

계량컵

체

스패츌러

칼

베이킹 페이퍼

오연오　초코 좋아하는 둘째 생일날 만들어주었더니 아이들 엄지 척하며 폭풍 흡입했어요.

Jjoy7777　허걱! 이 브라우니 미쳤어요! 진짜 너무 맛있어서 감동의 눈물이.. 완전 꾸덕 달달한 게 파는 거랑 비교가 안 되게 맛있어요!!! 앞으로 브라우니는 안 사먹을 것 같아요.

미쓰프루스　바로 도전해서 방금 막 맛 봤는데 꾸덕꾸덕 왜이리 맛있죠? 이제 이 레시피로 정착 하려고요! 저는 호두도 좀 넣었어요. 맛있네요!

1 정사각형 틀에 베이킹 페이퍼 깔아준다. 손잡이
 로 쓸 수 있게 양쪽 두 군데는 페이퍼 길이를 틀
 보다 살짝 높게 한다.

2 전자레인지 사용 가능한 용기에 무염 버터(150g)
 와 다크 초코칩 1컵(170g)을 넣고 2분간 돌려준
 후, 스패츌러로 잘 섞는다.

 ! 전자레인지 사용 불가한 볼이라면 중탕하세요.

3 설탕 1컵(200g)과 소금 한 꼬집 넣어 섞고, 달걀
 3개(150g)를 따로 풀어 넣어 다시 섞는다.

4 밀가루 1/2컵(75g), 코코아 파우더 1/4컵(30g)을
 체 쳐 넣고 잘 섞는다.

 🔥 180도(355F)로 오븐 예열 시작

5 밀크 초콜릿을 잘게 잘라 넣고 살짝 섞는다.

❗ 생략 가능합니다.

6 160도(320F) 컨벡션으로 25분 굽는다.

❗ 팬 돌리는 기능이 없는 오븐이라면 180도로 구워
주세요.

❗ 구워진 브라우니는 그대로 10분 식힌 후 틀에서 분
리하고, 완전히 식은 후 잘라주세요.

호두 파이
Walnut Pie

진한 견과류의 향이 매력적인 호두파이입니다. 고소하고 오독오독 식감이 좋은 필링의 맛이 포인트이죠. 호두만 넣거나 피칸을 함께 넣어 고소함을 배가 시켜보세요.

난이도 ★★   1시간 30분

재료	1개 분량

파이 크러스트

달걀 1개 (50g)

우유 1큰술 (15g)

설탕 2큰술 (30ml, 25g)

소금 1/2작은술 (3g)

중력분 1.5컵 (360ml, 215g)

무염 버터 100g

필링

호두 1.5컵 (150g)

달걀 3개 (150g) - 실온 상태

메이플 시럽 1/2컵 (120ml, 120g)

설탕 1/2컵 (120ml, 100g)

소금 한 꼬집 (1g)

시나몬 파우더 1작은술 (3g)

도구

파이 틀 (지름 20cm)

볼

계량컵

거품기

체

스크래퍼

밀대

스패츌러

Cinderquin 이렇게 쉽고 맛나게 알려주시다니! 설날에 디저트로 먹었는데 너무 맛나고 파이 크러스트는 다른 거 응용까지 할 수 있는 거 있죠.

현정 이 영상 보고 피칸 타르트, 딸기 타르트, 트리플베리 타르트까지 요즘 매일 바꿔가며 굽고 있답니다. 타르트지 만드는 법을 쉽게 잘 설명해주셨어요.

최영미 집에 호두가 있어서 어젯밤에 만들어서 먹었는데 딸아이가 하는 말이 사먹는 것처럼 맛있다고 하네요! 기분이 좋더라고요. 남편도 아침에 두 조각이나 먹으면서 맛있다고 하네요.

1 볼에 달걀 1개(50g), 우유 1큰술(15g), 설탕 2큰술
(25g), 소금 1/2작은술(3g)을 넣고 거품기로 잘 섞
는다.

2 작업대에 중력분 1.5컵(215g)을 체 쳐 놓고 무염
버터(100g)를 올려 버터 크기가 콩알만큼 작아질
때까지 스크래퍼로 계속 잘라준다.

3 2번의 가운데 부분에 공간을 만들어주고 1번을
부어 스크래퍼로 접듯이 반죽해 한 덩이가 되도
록 섞는다.

4 반죽을 밀봉해 원판모양으로 늘려준 후, 냉장실
에 넣어 30분간 굳힌다.

5 볼에 호두를 제외한 필링 재료를 넣어 거품이 생
기지 않게 살살 저어 섞는다.
🔥 180도(355F)로 오븐 예열 시작

6 반죽을 지름 30cm 정도 되도록 밀고, 파이 틀 위
에 올려 틀 모양에 맞춘다. 그대로 밀대로 한 번
밀면 반죽이 틀 모양대로 잘린다.

7 파이 틀에 호두 1.5컵(150g)을 골고루 깔고 필링을 붓는다.

8 180도(355F) 컨벡션으로 약 10분 굽고, 160도(320F)로 온도 낮춰 약 20분간 더 굽는다.

9 틀에서 분리하지 않은 채 마른 천으로 덮어 약 20분~30분 식힌다.

비스코티
Biscotti

'두 번 굽는다'는 뜻의 이탈리아 쿠키 비스코티입니다. 아몬드를 넣어 풍성한 고소함을 주고, 오렌지 제스트를 넣어 상큼함과 달콤함을 더했습니다.

난이도 ★★☆　 1시간　　

재료

오렌지 1개 분 제스트 - 생략 가능

아몬드 2/3컵 (100g)

달걀 2개 (100g) - 실온 상태

바닐라 익스트랙 1작은술 (5g) - 생략 가능

설탕 3/4컵 (180ml, 150g)

소금 1/3작은술 (2g)

식용유 1/3컵 (80ml, 80g)

중력분 (or 박력분) 2컵 (480ml, 290g)

베이킹 파우더 1작은술 (3g)

도구

베이킹 팬

볼

그레이터 (or 강판)

거품기

계량컵

스크래퍼

체

칼

베이킹 페이퍼

류지혜　성공했어요. 오렌지 향도 좋고 진짜 너무 맛있어요. 굽는 거 빼고 만드는 데는 10분도 안 걸린 것 같은데 이렇게 맛있게 만들 수 있다니 대박이에요.

별　지금 시간이 새벽 3시 반인데 안 자고 이거 다 만들었네요! 너무 맛있어요! 제 최애 쿠키 중 하나 될 것 같아요!

1 잘 씻은 오렌지 한 개를 그레이터로 겉껍질만 벗겨내 제스트를 준비한다.

2 🔥180도(355F)로 오븐 예열 시작
아몬드 2/3컵(100g)을 팬에 올려 위 칸에 넣고 예열 되는 열로 잠깐 구워준다.

3 볼에 오렌지 제스트, 실온 달걀 2개(100g), 바닐라 익스트랙 1작은술(5g), 설탕 3/4컵(150g), 소금 1/3작은술(2g), 식용유 1/3컵(80g)을 넣고 거품기로 잘 섞는다.

4 3번에 밀가루 2컵(290g), 베이킹 파우더 1작은술(3g)을 체 쳐 넣고, 마른 가루가 안 보일 때까지 잘 섞는다.

5 오븐에 구운 아몬드 꺼내 반죽에 넣고 스크래퍼로 접어주듯 섞는다.

6 반죽 2등분하여 하나씩 베이킹 페이퍼 위에 올린 뒤, 각 반죽을 가로 10cm, 세로 20cm, 두께 2cm 정도 되도록 모양을 잡아준다.

7 180도(355F) 컨벡션으로 약 20분 굽는다.

8 오븐에서 꺼낸 빵을 식힘망에 올려 10분 정도 식힌다.
  ! 뜨거울 때 바로 자르면 빵이 부서질 수 있어요.

9 빵을 사선으로 2cm 두께로 잘라주고, 팬 위에 다시 올린다.
  ! 칼끝은 바닥에 댄 상태로 한 번에 내리 누르면 잘 잘라집니다.

10 180도(355F) 컨벡션으로 약 7분~8분 정도 굽는다.
  ! 갈색으로 변하는 구움색을 보고 굽기 시간을 조절하세요

대만식 카스텔라
Taiwanese Castella

폭신하고 부드러운 식감이 일품인 대만식 카스텔라입니다. 사르르 녹으며 입안에 퍼지는 달걀의 고소함과 은은한 단맛이 대중의 입맛을 사로잡은 빵입니다.

난이도 ★★★ 1시간 30분

재료	2개 분량

달걀 6개 (300g, 왕란) – 실온 상태

설탕 1/2컵 (120ml, 100g)

식용유 1/2컵 (120ml, 115g)

우유 1/2컵 (120ml, 120g)

바닐라 익스트랙 1작은술 (5ml, 5g)

중력분 (or 박력분) 1컵 (240ml, 145g)

도구

파운드 케이크 틀 2개 (11cm × 21cm × 6cm)

볼

계량컵

거품기

스크래퍼

핸드믹서

체

스패츌러

틀 - 물 담는 용

Has-E 항상 어렵게 생각하고 실패만 했던 빵인데, 제 평생 최초로 이렇게 쉽고 맛있게 성공한 카스텔라는 처음이었어요.

코코아리 진짜 진짜 맛있어요! 촉촉하고 적당히 달고요. 머랭만 잘 치면 너무 쉽고 맛이 최고입니다. 카스텔라는 고칼로리라는 편견이 있었는데 오히려 다른 빵들보다 밀가루랑 설탕이 적게 들어가요.

The book forest 오븐이 없어서 뚜껑 있는 냄비에 했거든요. 근데 너무 맛있고 폭신하게 잘 됐어요! 이 대만 카스텔라 레시피 쉬우면서도 대박이에요.

1 파운드 틀에 식용유 바르고 틀 높이보다 3cm정
도 높게 베이킹 페이퍼를 넣어준다.

2 달걀 6개의 흰자와 노른자를 분리해준다.

❗실온이 아니거나 흰자에 노른자 혹은 수분이 들어
가면 머랭이 잘 안 나오니 주의하세요.

3 흰자를 핸드믹서 고속으로 30초 정도 휘핑하고,
설탕 1/2컵(100g)을 넣어 계속해서 고속으로 약
2분간 휘핑한다.

❗끝이 살짝 구부러지는 부드러운 머랭이에요.

4 노른자에 식용유 1/2컵(115g), 우유 1/2컵(120g),
바닐라 익스트랙 1작은술(5g)을 넣고 거품기로
잘 섞는다.

🔥150도(300F)로 오븐 예열 시작

5 밀가루 1컵(145g)을 체 쳐 넣고 마른 가루가 안
보일 때까지 스패츌러로 잘 섞는다.

6 4번(노른자 반죽)을 3번(흰자 머랭)에 붓고, 스패츌
러를 사용하여 밑에서 위로 퍼 올리는 방식으로
섞는다.

! 너무 세게 섞으면 머랭이 죽을 수 있어요.

7 반죽을 두 개의 틀에 나눠 붓고, 물을 1cm정도
채운 큰 틀(30cm×40cm) 안쪽에 넣는다.
150도(300F) 컨벡션으로 약 60분~75분 굽는다.

! 큰 틀이 없다면 물을 따로 담아 오븐에 넣어도 좋
아요.

8 오븐에서 꺼낸 후 바로 베이킹 페이퍼를 떼어내
고, 식힘망에 올려 식힌다.

에그 타르트
Egg Tart

포르투갈의 에그 타르트는 페이스트리 파이지를 사용해 겹겹이 파삭한 식감을 갖지만, 홍콩식 에그 타르트는 겹이 없이 딱딱한 쿠키 형태의 파이지로 만듭니다. 포르투갈에서 처음 만들어진 에그 타르트가, 마카오를 거쳐 홍콩으로 넘어오며 홍콩식 에그 타르트만의 특징을 지니게 된 건데요. 이번엔 좀더 쉽게 만들 수 있는 홍콩식 에그 타르트입니다.

난이도 ★★★ 1시간 20분

재료 　　　　　　　　　12개 분량

파이 크러스트

달걀 1개 (55g)

설탕 2큰술 (30ml, 25g)

소금 1/2작은술 (3g)

우유 1큰술 (15ml, 15g)

중력분 (or 박력분) 1.5컵 (360ml, 215g)

무염 버터 100g

커스터드

달걀 4개 (200g) - 실온 상태

설탕 1/2컵 (120ml, 100g)

소금 1/2작은술 (3g)

바닐라 익스트랙 2작은술 (10g)

우유 1/2컵 (120ml, 120g)

뜨거운 물 1컵 (240ml, 240g)

도구

12구 머핀 틀

볼

계량컵

체

스크래퍼

거품기

비닐봉투

밀대

쿠키 커터 (지름10cm~12cm)

나봄결E　베이킹 끊은 지 2년 차.. 유혹에 못 이겨 에그 타르트부터 해 보았어요. 완성한 지금 시각 새벽 2시! 와우 훌륭한 에그 타르트 딸이 아주 좋아합니다.

경희E　에그 타르트 엄청 좋아하는데 호주가이버님 영상 따라서 만들어 보았더니 온 식구들이 맛있다고 야단이네요. 덕분에 행복한 티타임 시간이었어요.

1 볼에 달걀 1개(55g), 설탕 2큰술(25g), 소금 1/2작
은술(3g), 우유 1큰술(15g)을 넣고 거품기로 잘 섞
는다.

2 작업대에 밀가루 1.5컵(215g)을 체 쳐 주고, 무염
버터(100g)를 밀가루와 섞으며 콩알 사이즈가 될
때까지 스크래퍼로 다진다.

3 2번 반죽 가운데에 공간을 만들어 1번을 부어주
고, 스크래퍼로 접어주듯 가루가 거의 안 보일
때까지 섞는다.

4 반죽을 비닐에 넣고 원판 모양으로 펼친 후 냉장
실에 넣어 30분간 굳힌다.

5 커스터드 재료 중 뜨거운 물을 제외한 모든 재료
를 넣고 거품기로 잘 저어준다.

6 계속 저으면서 뜨거운 물 1컵(240g)을 넣어 섞고,
체에 한 번 내려준다.

7 반죽 꺼내 두께 5mm정도 되도록 얇게 밀어주고 쿠키 커터로 12개를 잘라낸다.

8 머핀 틀에 식용유 발라주고 반죽 올려 틀에 맞게 누르며 늘려준다.
🔥 200도(390F)로 오븐 예열 시작

9 반죽 각각에 만들어둔 커스터드를 1/4컵(60g)씩 붓는다.

10 200도(390F)로 팬 돌리지 않고 10분 구운 후, 180도(355F)로 낮춰 20분 더 굽는다.

마카롱 말차 · 초콜릿

Macaron

어려운 마카로나주로 마카롱 만들기에 실패했다면,
이제 마카로나주 없이 쉽게 만들어보세요.

난이도 ★★★★　🕐 45분　

재료

반죽
아몬드 가루 80g
슈가 파우더 80g
말차 가루 10g (or 코코아 파우더 10g)
달걀 흰자 35g + 35g
설탕 50g

필링
말차 버터 크림
크림치즈 80g
슈가 파우더 50g
무염 버터 100g - 실온 상태
말차 가루 8g (or 코코아 파우더 10g)

초콜릿 버터 크림
달걀 노른자 2개 분
설탕 1/4컵 (50g)
우유 1/4컵 (60g)
코코아 파우더 2큰술 (10g)
무염 버터 100g - 실온 상태

도구
베이킹 팬
볼
계량컵
거품기
저울
체
스패츌러
핸드믹서
짤주머니
베이킹 페이퍼

하렛 따라 만들었는데 진짜 너무 쉽게 마카롱 만들었어요. 마카롱 만들 때마다 미니 오븐이라 열 조절이 어려웠는데 충분히 예열하고 이 레시피로 해봤는데 너무 쉽고 맛있게 됐어요!

그냥기분 마카롱 처음 만드는데 너무 완벽한 마카롱을 만들었어요. 밑에 테프론지 두 장 깔고 했더니 진짜 프릴 잘 올라오고 크림도 너무 맛있네요.

민정 마카롱 만들다가 맨날 비싼 달걀과자 만들었는데, 호주가이버님 덕에 드디어 집에서 마카롱 성공했습니다! 너무 쉽고 간단해서 진짜 좋습니다.

1 볼에 아몬드 가루 80g, 슈가 파우더 80g, 말차 가루 10g(or 코코아가루)을 넣고 거품기로 섞는다.

2 달걀 흰자 35g을 넣고 스패츌러로 마른 가루가 안 보일 때까지 잘 섞는다.

! 반죽이 많이 뻑뻑한 편이에요.

3 다른 볼에 달걀 흰자 35g, 설탕 1/4컵(50g)을 넣고 핸드믹서 고속으로 3분 정도 휘핑한다.

! 따뜻한 물이 담긴 냄비에 볼을 넣어 머랭을 치면, 윤기있는 고운 머랭이 되어요.

4 머랭의 반을 1번 반죽에 넣고 너무 강하지 않게 스패츌러로 섞은 후, 남은 머랭을 다 넣어 머랭의 흰 부분이 안 보일 때까지 섞는다.

! 살짝 흐르는 반죽이 되어요.

5 반죽을 짤주머니에 넣는다.
🔥 150도(300F)로 오븐 예열 시작

6 팬에 베이킹 페이퍼 4겹(or 테프론 시트 2겹)을 깔아주고 500원 동전 크기로 반죽을 짜준다.

! 오븐에 넣기 전, 팬 밑면을 손바닥으로 서너 번 살짝 쳐주면 반죽 윗면이 좀 더 매끈해져요.

7 150도(300F) 컨벡션으로 약 15분~17분 굽는다.

8 베이킹 페이퍼 분리하지 않은 채로 30분 정도 식힌다.

9 ★ 하단의 '두 가지 버터 크림 만들기' 참조한 후 진행 만들어진 버터 크림을 짤주머니에 넣어 쿠키 사이에 적당량 필링한다.

두 가지 버터 크림 만들기

말차 버터 크림

1 볼에 크림치즈 80g을 넣고 슈가 파우더 1/3컵 (50g)을 체 쳐 넣은 후, 핸드믹서 고속으로 1분 정도 휘핑한다.

2 실온 상태의 무염 버터 100g을 넣고 핸드믹서 고속으로 3분 정도 휘핑한다.

3 말차 가루 1큰술(8g)을 넣고 저속으로 1분 정도 더 휘핑한다. 스패츌러로 옆면 정리하며 마저 섞는다.

초콜릿 버터 크림

1 냄비에 달걀 노른자 2개, 설탕 1/4컵(50g), 우유 1/4컵(60g), 코코아 파우더 2큰술(10g)을 넣고 중불로 저어가며 끓인다.

2 식은 초콜릿 크림에 실온의 무염 버터 100g을 넣고 핸드믹서 고속으로 약 3분간 휘핑한다.

퀸아망
Kouign-Amaan

빵 반죽으로 만든 두툼한 갈레트 형식의 빵인 퀸아망입니다. 페이스트리처럼 겹이 많아 가볍게 찢기면서 겉이 바삭해 고급스러운 식감이 특징인 퀸아망을 만들어보세요.

난이도 ★★★★　　 4시간 10분　　　

재료	6개 분량

도구

따뜻한 우유 2/3컵 (160ml, 160g)

설탕 3큰술 (45ml, 36g)

소금 2/3작은술 (4g)

전지분유 1/2컵 (120ml, 60g)

달걀 2개 (100g) – 실온 상태

식용유 3큰술 (45ml, 40g)

인스턴트 드라이이스트 2작은술 (10ml, 6g)

중력분 (or 강력분) 3컵 (720ml, 435g)

무염 버터 220g + 소량 (팬에 바르는 용) – 실온 상태

설탕 100g + 소량

미니 케이크 틀 (6cm×10cm)
- 틀에 안 넣고 팬에 한꺼번에 올려 구워도 됩니다.

볼

계량컵

거품기

스크래퍼

밀대

칼 (or 피자 커터)

박보드레　저는 바삭한 식감을 원해서 강력분 2컵 반, 박력분 반 컵 넣어서 반죽했고, 버터 바른 후에 설탕 뿌리는 걸 깜박해서 냉동 휴지 후에 설탕을 2차례 바르고 4절접기 2번, 3절접기 2번 했습니다. 황설탕으로 넣어서 하니까 색도 더 잘 나오니 기분이 좋아요! 중간에 접다가 까먹어서 몇 번 더 접었더니 진짜 천 겹 이상의 멋진 퀸아망이 되었습니다~!

Sb tk　또 따라해 봤습니다. 틀이 없어서 컵에 넣어 발효시킨 후 틀 없이 구웠습니다. 초보자인데 아주 잘 만들어졌습니다. 자신감!! 고맙습니다.

Borol Borol　우와 이게 완전 맛있어요. 겹이 미쳤어요. 남편이 너무 맛있다고 금방 품절이에요.

1 볼에 밀가루 제외한 모든 반죽 재료를 넣고 거품
기로 저어 잘 섞은 후, 밀가루 2컵(290g)을 넣어
마른 가루가 안 보일 때까지 거품기로 잘 섞는다.

2 남은 밀가루 1컵을 모두 넣고 마른 가루가 안 보
일 때까지 섞은 후, 젖은 천으로 덮어 훈훈한 오
븐 안에서 1시간 30분간 1차 발효 해준다.

3 덧가루 뿌린 작업대에 반죽 꺼내 반죽 위에도 덧
가루 충분히 뿌린 후, 45cm×60cm 정도 되도록
밀대로 밀어준다.

4 실온상태 무염 버터(220g)를 스크래퍼를 이용해
반죽 위에 골고루 펼쳐준다.

5 반죽을 양쪽에서 접어 2겹을 만들고 윗부분에서
1/3 접은 후, 아래에서 겹치게 하여 3겹을 추가
한다.
 ❗ 총 6겹이 되어요.

6 랩으로 덮어 냉동실에서 약 40분간 굳힌다.

7 미니 틀 안쪽에 버터를 바르고 설탕을 넣어 버터에 설탕이 묻도록 한다.

❗ 틀 없이 팬에 바로 구울 경우는 생략해도 되어요.

8 6번 반죽을 밀대로 누르듯 밀어 30cm×50cm 정도로 늘려준 뒤, 설탕 1/4컵(50g)을 올려 펼치고 밀대로 눌러준다. 반죽 뒤집어 설탕 1/4컵(50g)을 또 올려준 뒤, 반죽을 접어 3겹으로 만든다.

❗ 총 18겹이 되어요.

9 반죽을 다시 밀대로 누르듯 밀어 40cm×60cm정도로 만들고, 커터로 6등분한 후 돌돌 말아준다.

❗ 납작한 퀸아망을 만들려면 12등분해도 좋아요.

10 반죽을 설탕 뿌려둔 접시에 올리고 눌러 살짝 납작하게 만든 후, 설탕 묻은 부분이 위로 올라가게 준비된 팬에 올려준 다음 1시간 2차 발효한다.

🔥 170도(335F)로 오븐 예열 시작(10분)

11 170도(335F) 컨벡션으로 약 30분 굽는다.

Part 4 ——————

특별한 날의 케이크

바스크 치즈 케이크
Basque Cheese Cake

재료를 한꺼번에 섞어 구우면 끝나는 초간단 바스크 치즈 케이크입니다. 사먹는 케이크 못지않은 맛을 집에서 간단하게 즐겨보세요.

난이도 ★　 40분　　

재료	1개 분량	도구
크림치즈 500g		원형 케이크 틀 (지름 20cm)
설탕 2/3컵 (160ml, 130g)		볼
휘핑용 크림 2/3컵 (160ml, 160g)		핸드믹서
달걀 3개 (150g)		계량컵
바닐라 익스트랙 1작은술 (5ml, 5g)		스패츌러
옥수수 전분 (or 감자 전분) 2작은술 (10ml, 6g)		체
		베이킹 페이퍼

hye-jin lee　오늘 아침에 알려주신 대로 해먹었는데 정말 맛있어요. 제가 먹어본 치즈케이크 중 최고!! 얼려먹으면 더 맛나요. 순간 팔까 생각했어요.

쭈냥냥　어머니 생신이라 어제 만들고 냉동시켰다가 방금 먹었는데 진짜 너무 맛있어요!! 만들기도 간단해서 진짜 최고의 레시피네요.

1 원형 틀에 식용유 바르고 베이킹 페이퍼를 틀보다 높이 올라오게 넣는다.

❗ 깔끔하게 잘라 넣기 보다 자연스럽게 구겨진 느낌으로 넣는 게 좋아요.

🌢 210도(410F)로 오븐 예열 시작

2 크림치즈 500g을 전자레인지에 1분 정도 돌려 부드럽게 만들어 준다.

3 설탕 2/3컵(130g), 휘핑용 크림 2/3컵(160g), 달걀 3개, 바닐라 익스트랙 1작은술(5g), 옥수수 전분 2작은술(6g)을 뭉치지 않게 체 쳐 넣는다.

4 핸드믹서를 이용해 고속으로 2분 정도 휘핑한다. 중간에 스패츌러로 가장자리도 잘 섞어준다.

❗ 다 풀어지지 않은 치즈 알갱이가 있어도 괜찮아요. 곱게 만들고 싶다면 체에 한 번 걸러주세요.

5 210도(410F) 컨벡션으로 30분 굽는다.

❗ 오븐에서 꺼낸 케이크는 시간이 지나면 윗부분이
가라앉는데 정상이에요.

6 빵 틀에서 있는 그대로 완전히 식힌 후, 냉장실
에 넣어 서너 시간 이상 굳힌다.

❗ 다음날 먹으면 식감이 더 좋아요.

뉴욕 치즈 케이크
New York style Cheese Cake

호텔 뷔페에 가면 디저트로 꼭 먹는 뉴욕 스타일 치즈 케이크 만들기입니다. 레시피처럼 손으로 반죽해도 되지만, 핸드믹서를 사용하면 한결 더 쉽게 만들 수 있습니다.

난이도 ★★   2시간 10분

재료	1개 분량

쿠키 120g

무염 버터 60g - 실온 상태

크림치즈 500g

휘핑용 크림 1컵 (240ml, 250g)

사워크림 1/2컵 (120ml, 130g) - 생략 가능

달걀 3개 (150g) - 실온 상태

설탕 3/4컵 (150g)

옥수수 전분 (or 감자 전분) 3큰술 (24g)
- 밀가루로 대체 가능

바닐라 익스트랙 1큰술 (15ml, 15g)

레몬 주스 1큰술 (15ml, 15g) - 생략 가능

밀가루와 식용유 약간 - 팬 코팅용

도구

분리형 원형 틀 (지름 24cm)

사각 틀 (30cm×40cm)
- 물 담는 용

숟가락

볼

계량컵

거품기

스패츌러

호일

Rockmocho　오늘 5번째 만들었어요. 딸기 크림치즈 넣고 휘핑 크림만 1컵 넣었는데 그래도 완전 맛있었어요. 발렌타인데이라 휘핑 크림 장식하고 딸기도 올렸는데 굉장한 비주얼이었어요.

지후　알려주신 레시피대로 했더니 정말 신기하게도 유명 베이커리 부럽지 않은 맛있는 치즈 케이크가 나왔어요~감동!

도리　이거 진짜 최고입니다. 정말 미친듯이 맛있고요! 연속 이틀 구웠어요. 애들이 학교에서도 온통 치즈케이크만 생각났대요!

1 쿠키 120g을 숟가락으로 으깨고, 실온의 무염 버터(60g)를 넣어 잘 섞는다.

💧 180도(355F)로 오븐 예열 시작

2 원형 틀에 식용유 바르고 밀가루 코팅한 후, 준비한 쿠키를 넣어 판판하고 단단해질 때까지 숟가락으로 꾹꾹 눌러준다.

3 볼에 크림치즈 500g을 넣고 거품기(or 핸드믹서)로 저어 크림화한다.

❗ 크림치즈를 실온으로 부드럽게 만든 후 사용하면 크림화가 쉽게 되어요.

4 3번에 나머지 재료를 하나씩 넣어가며 거품기(or 핸드믹서)로 잘 섞는다.

5 준비된 틀에 반죽을 모두 붓고, 틀을 살짝 흔들어 표면을 판판하게 만들어준다.

6 사각 틀(30cm×40cm)에 1cm 높이로 물을 채운 후, 원형 틀 바닥을 호일로 높이 감싸 물이 들어오지 못하게 하여 사각 틀 안에 넣는다.

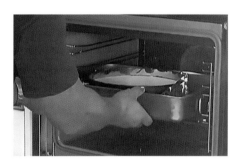

7 180도(355F) 컨벡션으로 30분 구운 후, 150도 (300F)로 온도 낮춰 30분 더 굽는다. 구운 후, 오븐을 열지 않은 채 1시간 그대로 두었다 꺼낸다.

8 케이크가 완전히 식으면 틀 분리 안 한 상태로 최소 3시간 이상 냉장실에 넣어 굳힌다.

! 다음날 먹으면 식감이 가장 좋아요.

티라미수
Tiramisu

커피, 카카오, 치즈 등을 넣어 만드는 달콤하고 촉촉한 이탈리아 디저트입니다. 이탈리아어 'Tirare mi su' 즉 '나를 끌어올리다'란 뜻의 말에서 유래되었는데, 먹는 순간 그만큼 기분이 좋아지는 맛이겠죠.

10분 만에 뚝딱 만들어 간단한데, 입안에서 사르르 녹는 기분 좋은 달콤함이 더해져 마음까지 녹이는 티라미수를 만들어보세요.

난이도 ★★   10분 (+냉장 1시간)

재료	1개 분량
크림치즈 250g	
휘핑용 크림 600g	
설탕 1/2컵 (120ml, 100g)	
레이디 핑거 쿠키 1팩	
인스턴트 커피 1큰술 (6g)	
물 1.5컵 (360ml, 360g)	
코코아 파우더 1.5큰술 (10g)	

도구

원형 틀 (지름22cm)

볼

핸드믹서

계량컵

스패츌러

짤주머니

베이킹 페이퍼

사잔B'z 이웃 초대 받아 가는 길에 얼른 만들어 가져갔죠. 크림치즈 대신 마스카포네, 인스턴트커피 대신 에스프레소 사용했고요. 1. 라운드형으로 케이크 같은 느낌 2. 알코올이 들어가지 않아 개운한 맛 3. 당연히 만드는 속도가 짧음에도 인기만점의 디저트 이 세 가지가 칭찬할 만합니다.

스노우볼 알려주신 그대로 티라미수 만들었는데 대만족입니다. 간단하고 빠르고 강추입니다.

미숙 최고예요! 반 분량으로 했는데 너무 맛있어요. 일반 밀폐 용기에 담아서 만들었는데 크림 맛 대박이에요.

1 볼에 실온 상태의 크림치즈(250g)를 넣고 핸드믹서 중속으로 크림화 될 때까지 30초~60초간 휘핑한다.

2 설탕 1/2컵(100g), 휘핑용 크림 600g을 넣고 핸드믹서 고속으로 단단한 크림이 될 때까지 약 1분~1분 30초간 휘핑한다.

! 2분 이상 휘핑하면 크림이 분리될 수 있으니 주의하세요.

3 원형 틀 옆면에 식용유 발라주고 높이만큼 베이킹 페이퍼 잘라 붙여준다.

4 뜨거운 물 1/2컵(120g)에 인스턴트 커피 1큰술(6g)을 넣고 잘 녹인 후, 찬물 1컵(240g)을 더 넣고 살짝 섞는다.

5 레이디 핑거 쿠키를 하나씩 커피액에 완전히 담
갔다가 케이크 틀 바닥면에 깔아준다.

! 커피액에 담근 후엔 빠르게 진행해주세요. 5초 이
상 지체하면 쿠키가 풀려서 부서져요.

6 레이디 핑거 쿠키로 1단을 채운 위로 준비했던
크림치즈 크림 1/4분량을 스패츌러로 잘 펼쳐 올
린다. 반복해서 쿠키 3단 & 크림 3단을 만든다.

7 남은 크림치즈 크림 1/4을 짤주머니에 넣어 케
이크 위에 아이싱해준다.

8 케이크를 냉장실에 넣고 1시간 이상 굳힌 후, 코
코아 파우더를 윗면에 뿌린다.

! 바로 드실 거면 바로 뿌려주면 됩니다.

티라미수 케이크 보관법

티라미수는 냉장실에서 하루 보관 후 먹으면 가장 맛있어요.
실온에서는 1시간 이상 놔두지 마시고요. 냉장 보관은 3~4일,
냉동 보관은 2~3개월 가능하니 참고하세요.

Part 5

추억의 맛

단호박 인절미

Pumpkin Injeolmi

쫀득하고 맛있는 인절미를 집에서 만들 수 있습니다. 시중에 파는 인절미 부럽지 않은 호주가이버 강력 추천 메뉴입니다.

난이도 ★★   30분

재료

- 삶은 단호박 1컵 (260g)
- 건식 찹쌀 가루 2컵 (480ml, 250g)
- 설탕 3큰술 (45ml, 36g)
- 소금 1/2작은술 (3g)
- 식용유 약간
- 카스텔라 가루 (150g~200g)

도구

- 찜기
- 계량컵
- 볼
- 스크래퍼
- 베이킹 페이퍼

두두지 어제 이 영상보고 오늘 해먹었어요! 집에서 떡만들기는 어릴 때 엄마랑 송편 빚은 기억 빼곤 전혀 없는데 레시피가 엄청 간단하고 쉽네요! 따뜻할 때도 맛있고 냉장고에 뒀다가 시원하게 먹어도 쫄깃하네요!

진 와! 꼭 만들어 드세요. 전 방금 만들어서 먹고있는데 진짜 쉽고 간편하고 재미있고 사먹는 것보다 훨씬 맛있어요!

1 호박 1kg, 물 100g을 압력 밥솥에 넣고 완전히 익을 때까지 삶는다.

❗ 끓기 시작하면 불을 약불로 줄여 10분간 더 삶아요. 불을 끄고 5분 후 열어주면 완성!

2 껍질 벗긴 삶은 호박 1컵(260g), 건식 찹쌀가루 2컵(250g), 설탕 3큰술(36g), 소금 1/2작은술(3g)을 넣고 살짝 섞는다.

3 손으로 마른 가루가 안 보일 때까지 1분~2분 정도 뭉쳐준다.

❗ 반죽이 송편 반죽보다 살짝 진 편이에요.

4 찜기 위에 식용유 바른 베이킹 페이퍼 넣고, 반죽을 충분히 얇게 펼쳐 올려준다.

❗ 달라붙지 않게 하려면 베이킹 페이퍼 필수!

5 큰 냄비(or 찜기)에 물을 3cm 정도 채우고, 센 불로 물을 끓인다. 물이 끓기 시작하면 반죽을 넣고 뚜껑을 닫아 10분간 익혀준다.

6 카스텔라의 윗면과 옆면, 바닥면의 진한 부분을 제거한 뒤 체에 내린다.

! 수분이 많은 촉촉한 카스텔라는 체를 잘 통과하지 못해요.

7 식용유 살짝 바른 작업대에 반죽을 올리고 30번 접은 후 펼쳐준다.

! 반죽이 뜨거우니 면장갑과 일회용 비닐장갑을 착용하는 게 좋아요.

8 반죽을 카스텔라 위에 올리고 스크래퍼로 잘라준다.

! 잘라둔 조각끼리 붙을 수 있으니 바로 카스텔라 가루에 묻히세요.

옥수수빵 1960년대 급식빵
Corn Bread

60대, 70대 분들이 그리워하는 추억의 학교 급식 빵, 옥수수빵의 레시피를 찾기 위해 구독자분들께 도움을 요청 드렸고, 구독자 한 분으로부터 당시 경향신문에 나온 1964년 및 1965년 빵의 레시피를 받을 수 있었습니다. 이 빵을 만들고 싶어하는 모든 분들을 위해 오븐, 에어프라이어, 전기밥솥을 이용한 3가지 방법으로 만들어 보았습니다. 부모님의 추억이 담긴 옥수수빵을 만들어보세요.

난이도 ★★　　 40분　　🍳

재료	1개 분량

옥수수가루 1컵 (240ml, 170g)
- 입자가 가는 모래 사이즈의 폴렌타

전지 분유 1.5컵 (360ml, 160g)

중력분 2/3컵 (160ml, 100g)

설탕 1작은술 (4g)

소금 2/3작은술 (4g)

베이킹 소다 1작은술 (4g)

물 1컵 (240ml, 240g)

도구

파운드 케이크 틀 (11cm×21cm×7cm)

볼

계량컵

거품기

스패츌러

AS CHO　추억의 옥수수 급식빵의 맛 드디어 찾았어요!! 한국에서는 옥수수가루 사는 것이 쉽지 않아요. 가이버님 말씀대로 폴렌타로 검색해서 구입했더니 정확하더라고요. 그리고 이건 하루 지나고 먹어보니 추억의 옥수수 급식빵 바로 그 맛이 입안에 가득 뿜어져 나왔어요! 덕분에 오랜 추억 속의 맛을 찾았네요.

간단히 시작하기　63년생 어머니를 위해 이번에 빵을 만들어 드렸어요! 과거의 그 맛이라고 엄청 좋아하셨습니다! 저희 어머니 학교는 따끈따끈하게 빵이 갓 나왔을 때 배식 받아 드셨다고 하네요! 그래서 식은 빵보다는 갓 나온 맛을 더 좋아하셨어요.

1 🜄 180도(355F)로 오븐 예열 시작

옥수수 가루가 가는 모래 같은 크기인지 확인한다.

❗ 밀가루처럼 고운 옥수수 가루의 경우 반죽의 농도
및 식감이 완전히 달라질 수 있어요.

2 볼에 물을 제외한 재료를 다 넣고 거품기로 저어
잘 섞는다.

❗ 베이킹 소다와 밀가루는 뭉치지 않게 체 쳐 넣으면
좋아요.

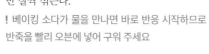

3 물 1컵(240g)을 넣고 마른 가루가 안 보일 때까지
만 살짝 섞는다.

❗ 베이킹 소다가 물을 만나면 바로 반응 시작하므로
반죽을 빨리 오븐에 넣어 구워 주세요

4 식용유 바른 팬에 반죽 부어 판판하게 펼쳐주고
서너 번 두드린다.

5 180도(355F) 컨벡션으로 약 30분 굽는다.

❗ 에어프라이어: 170도(335F) 30분~35분

압력 밥솥: 만능찜 30분

야채 호빵

Korean Steamed Buns

찬바람이 서늘하게 부는 계절에 편의점에서 사먹던 호빵을 집에서 만들 수 있습니다. 영양 가득, 속이 꽉 찬 호빵을 손쉽게 만들어 맛있게 즐겨보세요.

난이도 ★★★   45분

재료　　　　　　　　8개 분량

속 재료

마늘 2개

다진 돼지고기 1/2컵 (120ml, 120g)

양파 1개 (150g)

당근 1개 (70g)

양배추 200g

대파 1뿌리 (30g)

간장 1큰술 (15ml, 15g)

굴소스 2큰술 (30ml, 30g)

후추 약간

식용유 약간

반죽 재료

따뜻한 물 2/3컵 (160ml, 160g)

설탕 2큰술 (30ml, 25g)

소금 1/3작은술 (2g)

인스턴트 드라이이스트 1.5작은술 (5g)

중력분 2컵 (480ml, 290g)

베이킹 파우더 1작은술 (4g)

식용유 2큰술 (30ml, 30g)

도구

찜기 (or 찜용 냄비)

프라이팬

도마

칼

스패츌러

볼

거품기

계량컵

스크래퍼

베이킹 페이퍼

Kangsill Cho　남편이 야채 호빵을 좋아해서 가끔 홈메이드로 만들어보곤 하는데 호주가이버님의 반죽을 따라해보니 평상시보다 훨씬 쉬운데 발효하지 않고도 더 잘 부풀었고 맛있었어요.

Lee흥차치즈케익　주말에 두 번째 야채 호빵 만들어봤어요! 이번엔 청양고추 두 개 넣었더니 어른맛 야채 호빵이 되었네요. 매운맛 좋아하시는 분들 청양고추 넣어보세요.

구름다리　발효시간 필요 없어서 간단히 빨리 만들어서 맛있게 먹었어요. 입맛 까다로운 아들도 맛있다고 인정했고요. 팁이라면 속을 넣을 때 가이버님처럼 반죽을 바닥에 펼쳐놓고 넣어야 실패가 없다는 거예요.

1 모든 속재료를 잘게 다져준다. 마늘과 다진 돼지
고기는 따로 분리해둔다.

2 프라이팬에 식용유 충분히 뿌리고, 다진 마늘을
노릇노릇하게 익혀준다. 여기에 다진 돼지고기
1/2컵(120g)을 넣고 충분히 익힌다.
! 약간의 후추로 냄새를 제거해주세요.

3 나머지 속재료를 다 넣고 중불로 5분 정도 익힌
후, 간장 1큰술(15g), 굴소스 2큰술(30g)을 넣고
잘 섞는다.

4 볼에 따뜻한 물 2/3컵(160g), 설탕 2큰술(25g), 소
금 1/3작은술(2g), 인스턴트 드라이이스트 1.5작
은술(5g), 밀가루 1컵(145g), 베이킹 파우더 1작은
술(4g)을 넣고 거품기로 잘 섞는다.

5 남은 밀가루 1컵(145g)을 더 넣고 한 덩이가 될
때까지 스크래퍼로 접어주듯 섞는다.

6 반죽 밖으로 꺼내 손반죽한다.

7 반죽을 8등분하고 볼 모양으로 만들어 준다.

8 반죽 하나 뒤집어 펼쳐주고 속재료 1/8을 떠서 만두 만들 듯 싸준다. 이음매 잘 마무리해주고 이음매가 아래를 향하도록 베이킹 페이퍼 위에 올려준다.

9 찜기의 물이 끓기 시작하면 반죽을 넣고, 뚜껑 덮어 중불로 15분간 쪄준다.

알아두면 좋은 레시피

르방 만들기

Levain

재료

중력분(or 강력분)
- 통밀, 호밀로 대체 가능

미지근한 물
- 수돗물의 경우 하루가 지나 염소 빠진 것을 사용

도구

뚜껑 있는 유리 (or 플라스틱 병 모양의 용기)

계량 스푼

스패츌러

고무밴드

1일차

용기에 물 2큰술(30g), 밀가루 3큰술(30g)을 넣고 1분 이상 잘 휘저어 섞은 후, 뚜껑을 살짝 열리게 덮고 집안의 따뜻한 곳에 둔다.

❗ 직사광선을 피해 그늘진 곳에 두세요.

2일차

기포가 있었던 흔적이 보이며 아직 밀가루 냄새가 난다. 밥 주기를 해준다.

⋯▸ 밥 주기: 물 2큰술(30g), 밀가루 3큰술(30g) 넣고 1분 이상 잘 휘저어 섞는다.

❗ 옆면을 스패츌러로 정리하세요. 옆면이 깨끗하지 않으면 그 부분이 쉽게 상할 수 있어요.

3일차

작은 기포가 상당히 많이 생긴다. 밀가루 냄새는 나지 않고 살짝 단내가 올라온다. 밥 주기를 해준다. 중간에 한 번 더 저어주면 좋다.

4일차

큰 기포들이 생겨 있고 새콤한 단내가 올라온다. 밥 주기를 해준다. 중간에 한 번 더 저어준다.

5일차

밥 주기를 하고 옆면 깨끗이 정리한 후, 현재 르방의 높이 부분에 고무줄을 걸어 준다. 8시간 이내로 르방의 양이 2배 이상 부풀었으면 르방이 완성된 것이다.

플로팅 테스트

8시간 이내에 2배 이상 부풀었다면, 조금 퍼내서 물 위에 올려 본다. 그대로 물 위에 뜬다면 성공한 르방이다.

르방 만들기 Q&A

Q. 르방 밥 주기 시간은 언제인가요?

A. 하루에 한 번, 되도록 같은 시간에 밥 주기를 합니다. 3일차까지는 24시간마다 밥 주기를 하고, 4일째부터는 르방의 기포가 많이 보인다면 밥 주기 간격도 12시간 간격으로 줄여도 됩니다.(점점 르방 활성화되는 시간이 단축 되기 때문입니다.)

Q. 5일차에 작은 기포들은 있지만, 8시간 안에 2배로 부풀지 않는다면 어떻게 하나요?

A. 5일차라면 이미 만들어진 양이 많으니 르방 한 숟가락만 남기고 밥 주기를 다시 시작합니다.

Q. 르방을 만들 수 있는 밀가루의 종류엔 어떤 것이 있을까요?

A. 강력분(or 중력분), 통밀, 호밀, 쌀가루 등 가능합니다. 다만 하얗게 정제된 것만 피하시면 됩니다. 사워도우빵을 만들 때에도 무표백을 사용하셔야 합니다. '강력분 + 호밀' 사용을 권합니다.

Q. 르방을 만들 용기의 사이즈는 어떤 게 좋나요? 용기는 중간에 교체해도 되나요?

A. 중간에 얼마든지 교체해도 됩니다. 단, 밥 주고 옆면을 깨끗하게 해주지 않으면 그 섞이지 않은 부분이 상할 우려가 있기에 이런 경우 용기를 바로 바꿔 줍니다. 크기는 500ml~600ml 정도의 중간크기 플라스틱 혹은 뚜껑이 있는 유리 용기가 좋으며, 용기의 입구가 저어주기 편하도록 넓은 것이 좋습니다.

Q. 르방이 완성 됐는지는 어떻게 알 수 있나요?

A. 밥을 주고 8시간 이내로 2배 이상 부풀고 기포가 많이 보인다면 완성입니다. 이렇게 2배가 되었을 때 플로팅 테스트를 해보세요.

Q. 완성된 르방도 가라앉나요?

A. 냉장 보관 후 르방이 차가울 때 또는 밥 주고 저어준 후에는 물에 뜨지 않으니 부풀었을 때 테스트 하셔야 합니다.

Q. 르방 위에 물이 생겼을 경우엔 어떻게 하죠?

A. 이스트가 먹이를 다 먹고 더 먹을 게 없을 때 르방 윗부분에 물이 생깁니다.
상한 것이 아니니 물 부분을 버리고 다시 밥 주기를 하시면 됩니다.

Q. 르방이 한껏 부풀었다가 가라앉으면 실패한 건가요?

A. 아주 자연스러운 현상입니다. 르방은 먹이를 주면 부풀었다가 더 이상 먹을 게 없게 되면 가라앉습니다. 이 때 밥 주기를 하면 됩니다. 그리고 기온이 내려가도 가라앉으니 참고하세요.

팥 앙금 만들기
Red bean paste

재료

팥 500g

설탕 1컵 (240ml, 200g)

소금 1/2작은술 (3g)

도구

압력 밥솥

볼

계량컵

1 팥 500g을 약 8시간~12시간 물에 불린 후, 깨끗이 씻어 압력밥솥에 넣는다.

2 물은 팥이 잠길 정도로만 넣고 설탕 1컵(200g), 소금 1/2작은술(3g)을 넣고 센 불로 삶는다.

3 끓기 시작하면 약불로 줄여 10분간 더 끓여준다.

4 밥솥의 김이 다 빠지면 갈거나 으깨준다.

제누아즈

Genoise

재료

달걀 4개 – 실온 상태, 흰자와 노른자 각각 분리해서 준비

설탕 1/2컵 (120ml, 100g) + 1/4컵 (60ml, 50g)

소금 1/2작은술 (3g)

바닐라 익스트랙 1작은술 (5g)

식용유 3큰술 (45ml, 45g)

우유 3큰술 (45ml, 45g)

중력분 (or 박력분) 1컵 (240ml, 145g)

도구

케이크 틀 (지름 20cm)

핸드믹서

계량컵

체

스패츌러

베이킹 페이퍼

1 지름 20cm 원형 틀의 밑면과 옆면에 베이킹 페이퍼를 붙여준다.

2 달걀 흰자 4개를 고속으로 30초 휘핑해 거품이 생기면, 설탕 1/2컵(100g)을 넣고 고속으로 3~4분간 더 휘핑한다. 크림 상태가 되고 핸드믹서 날을 들어올렸을 때 끝이 살짝 구부러지는 상태의 머랭을 만든다.

! 흰자에 노른자나 기타 수분이 섞이지 않게 주의하세요.

3 노른자 4개에 설탕 1/4컵(50g), 소금 1/2작은술(3g)을 넣어 마요네즈 색처럼 될 때까지 고속으로 2분간 휘핑한다.

4 3번에 바닐라 익스트랙 1작은술(5g), 식용유 3큰술(45g)을 넣고 30초 휘핑한 후, 우유 3큰술(45g)을 넣고 30초 더 휘핑한다. 밀가루 1컵(145g)을 체 쳐 넣고 핸드믹서 저속으로 잘 섞는다.

💧 오븐 170도(335F)로 예열 시작 (5~6분 소요)

5 머랭 1/3정도를 넣고 스패츌러로 잘 섞는다. 1/3
을 더 넣고 머랭이 죽지 않도록 반죽을 떠 올리
는 듯하여 섞어준다. 나머지 1/3을 다 넣고 뭉친
머랭이 없는 정도까지만 가볍게 섞는다.

 ! 과하게 섞으면 머랭이 꺼질 수 있어요.

6 반죽을 틀의 20cm 이상 높이에서 붓는다. 젓가
락으로 반죽의 기포를 제거하고 표면을 판판하
게 만들어 준다.

 ! 너무 높은 상태에서 부으면 공기층이 많이 생겨요.

7 틀을 두세 번 쳐서 기포를 제거한 후, 170도(335F)
로 약 40분간 굽는다.

8 오븐을 끄고 5분 기다렸다가 빵을 꺼내 식힘망
에 거꾸로 올려 틀만 제거해준다. 빵이 완전히
식은 후 베이킹 페이퍼를 제거한다.

상황별 베이킹 찾아보기

5분 반죽 빵

치아바타 … 39
통밀 바나나빵 … 101
통밀 당근빵 … 105
오트밀 브레드 … 109
호박빵 … 123
초콜릿 머핀 … 131
레몬 쿠키 … 135
서브웨이 스타일 쿠키 … 147
오트밀 쿠키 … 151
레몬 마들렌 … 155
휘낭시에 … 159
바스크 치즈 케이크 … 217
옥수수빵 … 235

No 버터

양파 치즈빵 … 31
아티산 브레드 … 35
치아바타 … 39
단팥빵 … 43
모닝빵 … 51
건포도 식빵 … 55
밤 식빵 … 63
소시지빵 … 79
바게트 … 87
사워도우빵 … 91
통밀 바나나빵 … 101
통밀 당근빵 … 105
오트밀 브레드 … 109
통밀 식빵 … 113
통밀 베이글 … 117
호박빵 … 123
오렌지 파운드 케이크 … 127
초콜릿 머핀 … 131
아마레티 아몬드 쿠키 … 139
애플시나몬빵 … 167
비스코티 … 195
대만식 카스텔라 … 199
바스크 치즈 케이크 … 217
티라미수 … 225
단호박 인절미 … 231
옥수수빵 … 235
야채 호빵 … 239

NO 발효

통밀 바나나빵 … 101
통밀 당근빵 … 105
오트 브레드 … 109
통밀 식빵 … 113
통밀 베이글 … 117
호박빵 … 123
오렌지 파운드 케이크 … 127
초콜릿 머핀 … 131
레몬 쿠키 … 135
아마레티 아몬드 쿠키 … 139
초코칩 쿠키 … 143
서브웨이 스타일 쿠키 … 147
오트밀 쿠키 … 151
레몬 마들렌 … 155
휘낭시에 … 159
파운드 케이크 … 163
애플 시나몬빵 … 167
머핀 바닐라·블루베리·초코칩·크랜베리 … 171
잉글리시 스콘 … 175
대파 스콘 … 179
레몬 브라우니 … 183
초콜릿 브라우니 … 187
호두파이 … 191
비스코티 … 195
대만식 카스텔라 … 199
에그 타르트 … 203
마카롱 말차·초콜릿 … 207
바스크 치즈 케이크 … 217
뉴욕 치즈 케이크 … 221
티라미수 … 225
단호박 인절미 … 231
옥수수빵 1960년대 급식빵 … 235
야채 호빵 … 239

호주가이버 홈베이킹
우리 집에 빵집을 차렸다

초판	1쇄 발행 2024년 2월 28일
지은이	유진원
사진	유진원 박혜진 원숙연 도은주
디자인	표지 오성민 본문 이은주
편집	박혜진
펴낸곳	온유서가
출판등록	제2020-000124 (2020년 11월 17일)
전화	010-2437-5305
이메일	onyoubook@gmail.com
ISBN	979-11-975548-1-0 (13590)

단팥빵   베이킹팬   p.43

반죽
미지근한 물 2/3컵(160ml, 160g)
설탕 2큰술(30ml, 25g)
소금 1/2작은술(3g)
식용유 2큰술(30ml, 25g)
인스턴트 드라이이스트 1.5작은술(5g)
중력분(or 강력분) 2컵(480ml, 290g)

+ 필링 팥앙금 400~800g
+ 에그워시 달걀 풀어서 소량
+ 가니시 참깨 약간

- -

반죽 재료 순서대로 모두 섞기
⇨ 손반죽 ⇨ 1차 발효 30분
⇨ 8등분하여 중간 발효 15분
⇨ 팥앙금 넣어 성형
⇨ 2차 발효 30분 ⇨ 에그워시&가니시

굽기 : 180도 10분~12분

소보로빵   베이킹 팬   p.47

반죽
강력분(or 중력분) 2.5컵(600ml, 365g)
설탕 1/3컵(80ml, 65g)
소금 1작은술(6g)
인스턴트 드라이이스트 1작은술(3g)
따뜻한 우유 1컵(240ml, 240g)
버터 2큰술(30g) - 실온

+ 토핑 소보로
버터 3큰술(45g), 땅콩버터 1큰술(15g), 설탕 4큰술
(50g), 소금 1꼬집, 베이킹 파우더 1꼬집, 중력분1/2컵
(120ml, 75g)

- -

반죽 재료 순서대로 모두 섞기
⇨ 손반죽 ⇨ 1차 발효 1시간
⇨ 소보로 만들기(소보로 재료 모두 섞어 포슬포슬하게)
⇨ 빵 반죽 8등분하여 볼모양 성형
⇨ 소보로 묻혀 팬닝 ⇨ 2차 발효 45분~60분

굽기 : 180도 20분

모닝빵   베이킹 팬   p.51

반죽
*탕종 : 끓인 물 1컵(240ml, 240g), 밀가루 1/4컵
(60ml, 40g)
찬 우유 1/4컵(60ml, 60g)
설탕 3큰술(30ml, 36g)
소금 1/2작은술(3g)
전지분유 1/2컵(120ml, 60g)
인스턴트 드라이 이스트 1작은술(5ml, 3g)
식용유 2큰술(30ml, 25g)
강력분(or 중력분) 2.5컵(600ml, 365g)

+ 에그워시 달걀 1개, 우유 1큰술(15ml, 15g)

- -

탕종 만들어서 반죽 재료와 섞기
⇨ 손반죽 ⇨ 1차 발효 1시간
⇨ 12등분하여 볼모양 ⇨ 중간 발효 15분
⇨ 다시 펼치고 접어 볼모양 성형
⇨ 2차 발효 45분 ⇨ 에그워시 후 굽기

굽기 : 180도 8분 + 160도 8분

건포도식빵   식빵 틀   p.55

반죽
따뜻한 물 1컵(240ml, 240g)
갈색 설탕(or 흑설탕) 4큰술(50g)
소금 1/2작은술(3g)
인스턴트 드라이이스트 1.5작은술(5g)
시나몬 파우더 1/2작은술(2g)
식용유 3큰술(45g)
통밀가루 1컵(140g)
중력분(or 강력분) 2컵(290g)
건포도 1컵~1.5컵(160g~240g)

+ 에그워시 달걀 1개, 우유 2큰술

- -

반죽 재료 순서대로 모두 섞기
⇨ 손반죽 ⇨ 1차 발효 1시간
⇨ 반죽 밀어주고 건포도 올려서 말기
⇨ 납작하게 눌러 3겹 접기 ⇨ 식빵 틀에 맞게 말아주기
⇨ 2차 발효 40분 ⇨ 에그워시 후 굽기

굽기 : 180도 35분~40분

우유식빵   **식빵 틀** p.59

반죽

*탕종 : 끓인 물 1컵(240ml, 240g), 밀가루 1/4컵
(60ml, 40g)

차가운 우유 1/4컵(60ml, 60g)

설탕 2큰술(30ml, 24g)

소금 1/2작은술(3g)

전지분유 1/2컵(120ml, 60g)

인스턴트 드라이이스트 1작은술(5ml, 3g)

강력분(or 중력분) 2.5컵(600ml, 365g)

무염버터 2큰술(30ml, 30g) - 실온 상태

+ 에그워시 달걀 1개 + 우유 1큰술(15ml, 15g)

- -

탕종 만들어서 반죽 재료와 모두 섞기
⇨ 손반죽 ⇨ 1차 발효 1시간
⇨ 3등분하여 볼모양 ⇨ 중간 발효 15분
⇨ 늘려서 3겹 접기 2번한 후 말아주기
⇨ 2차 발효 1시간 ⇨ 에그워시 후 굽기

굽기 : 180도 35분

밤식빵   **식빵 틀** p.63

반죽

따뜻한 물 2/3컵(160ml, 160g)

설탕 3큰술(45ml, 36g)

소금 1/2작은술(3g)

인스턴트 드라이이스트 1작은술(5ml, 3g)

중력분(or 강력분) 2컵(480ml, 290g)

달걀1/2개(25g) - 실온 상태

식용유 1큰술(15ml, 13g)

전지 분유 2큰술(30ml, 16g)

+ 필링 졸인 밤 1컵(150g)

+ 토핑 쿠키 실온 무염 버터(25g), 설탕 2큰술(30ml,
25g), 달걀 1큰술(15ml, 15g), 중력분 3큰술(45ml, 25g),
베이킹 파우더 한 꼬집

+ 아몬드 슬라이스 약간

- -

반죽 재료 순서대로 모두 섞기
⇨ 손반죽 ⇨ 1차 발효 1시간 ⇨ 볼모양 만들어 중간 발효 15분
⇨ 반죽 밀어 펼치기 ⇨ 밤 넣어서 말기 ⇨ 틀에 넣어 2차 발효
40분 ⇨ 토핑 재료 섞어 짤주머니에 넣어두기
⇨ 반죽 위에 짤주머니 토핑과 아몬드 슬라이스 올려 굽기

굽기 : 170도 20분 + 윗면 상태 보며 10분 더 굽기

모카빵   **베이킹 팬** p.67

반죽

따뜻한 물 2/3컵(160ml, 160g)

설탕 1/4컵(60ml, 50g)

소금 1/2작은술(3g)

인스턴트 커피 가루 1큰술(6g)

인스턴트 드라이이스트 1작은술(3g)

식용유 2큰술(30ml, 30g)

중력분(or 강력분) 2컵(480ml, 290g)

건포도 1/2컵(80g)

+ 토핑 쿠키 커피 1큰술(6g), 뜨거운 물 1작은술(5g), 가
염 버터 3큰술(45g), 설탕 1/4컵(60ml, 50g), 달걀 1/2개
(30g), 중력분(or 박력분) 3/4컵(180ml, 110g), 베이킹 파
우더 1작은술(3g)

- -

반죽 재료 순서대로 모두 섞기
손반죽 ⇨ 1차 발효 1시간 ⇨ 쿠키 만들어 냉장보관
⇨ 반죽 2등분하여 볼모양 ⇨ 중간 발효 10분
⇨ 반죽 길쭉하게 만들기 ⇨ 쿠키 반죽 위에 올리기
⇨ 2차 발효 40분 ⇨ 굽기

굽기 : 180도 10분 + 160도 20분

모카번   **베이킹 팬** p.71

반죽

따뜻한 우유 1/2컵(120ml, 120g)

강력분(or 중력분) 2컵(480ml, 290g)

설탕 1/3컵(80ml, 70g)

소금 1/2작은술(3g)

인스턴트 드라이이스트 2작은술(6g)

달걀 1개(50g)

무염 버터 1큰술(15g)

+ 필링 큐브형 버터: 1.5cm큐브 6개(60g), 설탕 1큰술
(15ml, 12g)

+ 토핑 쿠키 무염 버터 4큰술(55g), 인스턴트 커피 1큰술
(6g), 끓인 물 1/2큰술(7g), 달걀 1개, 설탕 1/2컵(120ml,
100g), 중력분(or 박력분) 1/2컵(120ml, 75g)

- -

반죽 재료 순서대로 모두 섞기
손반죽 ⇨ 1차 발효 1시간 ⇨ 7등분하여 6개는 볼모양 ⇨ 중간
발효 15분 ⇨ 남은 반죽 1덩이를 작게 6등분하여 큐브버터 감싸
주기 ⇨ 큰 덩이 6개에 넣어 볼모양 성형 ⇨ 2차 발효 40분
⇨ 토핑 재료 모두 섞어 짤주머니에 넣어두기 ⇨ 반죽 위에 돌려
가며 올리기 ⇨ 굽기

굽기 : 180도 18분~20분

소금빵   **베이킹 팬**   p.75

반죽

따뜻한 우유 2/3컵(160ml, 160g)

설탕 2큰술(30ml, 25g)

소금 1/2작은술(3g)

인스턴트 드라이이스트 1작은술(3g)

중력분(or 강력분) 2컵(480ml, 290g)

달걀 1개(50g) - 실온상태

전지분유 1/4컵(60ml, 30g) - 생략가능

녹인 무염버터 30g + 소량(구운 빵 위에 바르는 용)

+ 필링 큐브형 버터(무염 버터 8g × 6)

- -

반죽 재료 순서대로 모두 섞기

⇨ 손반죽 ⇨ 1차 발효 1시간 30분

⇨ 6등분하여 볼모양 ⇨ 올챙이모양 만들어 중간 발효 10

분 ⇨ 반죽 밀어 큐브형 버터 넣어 말기

⇨ 2차 발효 30~40분 ⇨ 윗면 소금 뿌려 굽기

굽기 : 180도 15분

소시지빵   **베이킹 팬**   p.79

반죽

따뜻한 물 2/3컵(160ml, 160g)

설탕 2큰술(30ml, 25g)

소금 1/2작은술(3g)

인스턴트 드라이 이스트 1작은술(3g)

식용유 2큰술(30ml, 30g)

중력분(or 강력분) 2컵(480ml, 290g)

+ 토핑 소시지 6개, 양파 1개, 옥수수 2~3큰술, 마요네
즈, 케첩, 모차렐라치즈, 파슬리가루

- -

반죽 재료 순서대로 모두 섞기

⇨ 손반죽 ⇨ 1차 발효 1시간

⇨ 둥글리고 중간 발효 15분

⇨ 성형(소시지 넣고 말아서 커팅)

⇨ 2차 발효 20분

⇨ 토핑 재료 모두 섞어 준비 ⇨ 토핑 올리기

굽기 : 180도 15~20분

시나몬풀어파트   **파운드 케이크 틀**   p.83

반죽

끓인 물 1컵(240ml, 240g)

밀가루 1/4컵(60ml, 35g)

차가운 우유 1/4컵(60ml, 60g)

설탕 3큰술(45ml, 40g)

소금 1/2작은술(3g)

식용유 2큰술(30ml, 30g)

전지분유 1/2컵(120ml, 60g) - 생략 가능

인스턴트 드라이이스트 1작은술(5ml, 3g)

중력분(or 강력분) 2.5컵(600ml, 365g)

+ 필링 갈색설탕(or 흑설탕) 2/3컵(160ml, 100g), 시나몬
파우더 1큰술(15ml, 9g), 무염 버터 3큰술(45g),

+ 프로스팅 슈가 파우더 1/2컵(120ml, 60g), 우유 1큰술
(15ml, 15g)

- -

끓인 물, 밀가루 35g 섞은 후 + 나머지 반죽 재료 모두 섞기 ⇨
손반죽 ⇨ 1차 발효 1시간 ⇨ 필링 재료 중 설탕과 시나몬 파우
더 섞어두기 ⇨ 반죽 펼치고 무염 버터 바른 후 시나몬 파우더
와 설탕 섞어둔 것 뿌리기 ⇨ 성형 ⇨ 틀에 넣어 2차 발효 약 1
시간 ⇨ 굽기 ⇨ 완전히 식은 빵 위에 프로스팅 올리기

굽기 : 180도 35분

바게트   **베이킹 팬**   p.87

따뜻한 물 2컵(480ml, 480g)

설탕 2큰술(30ml, 25g)

소금 1.5작은술(7.5ml, 9g)

인스턴트 드라이이스트 2작은술(10ml, 7g)

중력분(or 강력분) 4컵(960ml, 580g)

- -

반죽 재료 순서대로 모두 섞기

⇨ 15분 휴지

⇨ 손반죽 약 10번

⇨ 1차 발효 1시간

⇨ 3등분하여 볼모양으로 만들고 타원형으로 말아 중간
발효 15분 ⇨ 반죽 눌러 펼치고 길게 말기

⇨ 천 위로 올려 모양 잡기 ⇨ 2차 발효 30분

⇨ 반죽 윗면 칼집 ⇨ 굽기

굽기 : 220도 10분 + 200도 10분

사워도우빵 더치오븐(or 뚜껑 있는 내열용기)

p.91

물 1컵 + 1/4컵(300ml, 300g)
르방 1/2컵(120ml, 110g)
강력분(or 중력분) 3컵(720ml, 435g)
소금 1작은술(5ml, 6g)

....

*르방 : 물 : 밀가루 = 1 : 1 : 1 배합, 2배로 부풀면 시작

⇨ 재료 모두 가볍게 섞기
⇨ 15분 휴지 ⇨ 반죽 4번 접기 ⇨ 15분 휴지 ⇨ 반죽 4번
접기 ⇨ 1차 발효(여름6~8시간 / 겨울 10~12시간)
⇨ 반죽 여러 번 접고 동그랗게 만들기
⇨ 2차 발효 1시간 ⇨ 칼집 내기 ⇨ 굽기

굽기 : 뚜껑 덮고 230도 25분 + 뚜껑 열고 200도 15분

크루아상 베이킹 팬 p.95

반죽
미지근한 물 2/3컵(160ml, 160g)
설탕 2큰술(30ml, 25g)
소금 1작은술(5ml, 6g)
식용유 2큰술(30ml, 25g)
인스턴트 드라이이스트 1.5작은술(5g)
강력분(or 중력분) 2컵(480ml, 290g)

+ 필링 무염 버터 125g
+ 에그워시 달걀 1개, 우유 1큰술

....

반죽 재료 순서대로 모두 섞기
⇨ 손반죽 ⇨ 1차 발효 1시간
⇨ 반죽 밀어 펼치고 버터 바르기
⇨ 6겹 만들어 냉동 30분 ⇨ 18겹 만들어 다시 밀어펼치기
⇨ 긴 삼각형 모양으로 8등분하고 성형
⇨ 팬닝하고 에그워시 ⇨ 2차 발효 1시간 ⇨ 에그워시 한
번 더 하고 굽기

굽기 : 180도 20분

통밀베이글 베이킹 팬 p.117

뜨거운 물 1컵(240ml, 240g)
설탕 3큰술(45ml, 36g)
소금 1/2작은술(3g)
인스턴트 드라이이스트 2작은술(10ml, 6g)
통밀가루 3컵(720ml, 420g)
식용유 3큰술(45ml, 40g)

....

재료 순서대로 모두 섞기
⇨ 손반죽 ⇨ 8등분하여 성형(30cm길이로 늘려 고리모양)
⇨ 물에 데치기(앞뒤 30초씩) ⇨ 굽기

굽기 : 180도 18분~20분

대만식 카스텔라 파운드 케이크 틀 p.199

달걀 6개(300g, 왕란) - 실온 상태
설탕 1/2컵(120ml, 100g)
식용유 1/2컵(120ml, 115g)
우유 1/2컵(120ml, 120g)
바닐라 익스트랙 1작은술(5ml, 5g)
중력분(or 박력분) 1컵(240ml, 145g)

....

달걀 흰자와 노른자 각각의 볼에 분리하여 담기

① 흰자 볼 : 흰자 핸드믹서로 30초 휘핑 ⇨ 설탕 100g 넣
고 2분간 휘핑
② 노른자 볼 : 노른자에 식용유, 우유, 바닐라 익스트랙 전
량 넣고 거품기로 믹스 ⇨ 밀가루 넣고 믹스

①번 반죽(흰자 볼)에 ②번 반죽(노른자 볼)을 붓고 퍼 올리
듯이 믹스 ⇨ 틀에 붓기

굽기 : 150도 60분~75분

에그타르트 머핀 틀 p.203

파이 반죽

달걀 1개(55g)

설탕 2큰술(30ml, 25g)

소금 1/2작은술(3g)

우유 1큰술(15ml, 15g)

중력분(or 박력분) 1.5컵(360ml, 215g)

무염 버터 100g

+ 커스터드 재료 달걀 4개(200g) - 실온 상태

설탕 1/2컵(120ml, 100g)

소금 1/2작은술(3g)

바닐라 익스트랙 2작은술(10g)

우유 1/2컵(120ml, 120g)

뜨거운 물 1컵(240ml, 240g)

①달걀, 설탕, 소금, 우유를 거품기로 섞기 ⇨ ②밀가루와 버터를 콩알 사이즈가 되도록 스크래퍼로 자르듯 섞기 ⇨ ②에 ①을 부어 섞기 ⇨ 파이 반죽 냉장실 30분 ⇨ 커스터드 재료 중 물 제외한 전 재료를 거품기로 섞기 ⇨ 물 넣어 섞고 체에 거르기 ⇨ 파이 반죽 꺼내 밀대로 밀고 12개로 자르기 ⇨ 머핀 틀에 넣어 커스터드 붓기

굽기 : 200도 10분 + 180도 20분 (팬 돌리지 않은 상태)

마카롱 베이킹 틀 p.207

반죽

아몬드 가루 80g

슈가 파우더 80g

말차 가루 10g (or 코코아 파우더 10g)

달걀 흰자 35g + 35g

실탕 50g

+ 필링 크림치즈 80g, 슈가 파우더 50g, 실온 무염 버터 100g, 말차 가루 8g(or 코코아 파우더 10g)

① 아몬드가루, 슈가 파우더, 말차가루(or 코코아가루) 섞은 후, 달걀 흰자(35g) 섞기 ⇨ 다른 볼에 핸드믹서 고속 약 3분 머랭 치기(달걀35g + 설탕50g)

머랭의 반을 ①에 넣고 강하지 않게 섞기 ⇨ 남은 머랭 모두 넣어 섞기 ⇨ 짤주머니에 넣기

⇨ 500원 동전 크기로 팬닝

굽기 : 150도 15분~17분 / 완료 후 30분 이상 식히기

버터크림 만들기는 p.209참조

퀸아망 미니 케이크 틀 p.211

반죽

따뜻한 우유 2/3컵(160ml, 160g)

설탕 3큰술(45ml, 36g)

소금 2/3작은술(4g)

전지분유 1/2컵(120ml, 60g)

달걀 2개(100g) - 실온 상태

식용유 3큰술(45ml, 40g)

인스턴트 드라이이스트 2작은술(10ml, 6g)

중력분(or 강력분) 3컵(720ml, 435g)

+ 필링 무염 버터 220g + 소량(팬에 바르는 용), 설탕 100g + 소량

밀가루 제외한 모든 반죽 재료 섞기 ⇨ 밀가루 2/3만 넣어 섞기 ⇨ 남은 밀가루 모두 넣어 섞기 ⇨ 1차 발효 1시간 30분 ⇨ 밀대로 밀어 반죽 펼치기(45 cm×60cm) ⇨ 무염 버터 220g을 펴 바르고 6겹이 되도록 접기 ⇨ 40분간 냉동 ⇨ 다시 밀대로 밀어 펼치고 양면에 설탕 올리기 ⇨ 반죽 3겹 더 접어 총 18겹이 되도록 함 ⇨ 다시 밀어 펼친 후 6등분하여 각각 돌돌 말기 ⇨ 2차 발효 1시간

굽기 : 170도 30분

야채호빵 찜기 or 찜용 냄비 p.239

속재료

마늘 2개

다진 돼지고기 1/2컵(120ml, 120g)

양파 1개(150g), 당근 1개(70g)

양배추 (200g)

대파 1 뿌리(30g)

간장 1큰술(15ml, 15g)

굴소스 2큰술(30ml, 30g)

후추 약간, 식용유 약간

+ 반죽재료 따뜻한 물 2/3컵(160ml, 160g), 설탕 2큰술(30ml, 25g), 소금 1/3작은술(2g), 인스턴트 드라이이스트 1.5작은술(5g), 중력분 2컵(480ml, 290g), 베이킹 파우더 1작은술(4g), 식용유 2큰술(30ml, 30g)

모든 속 재료 다지기(마늘과 돼지고기는 따로 분리) ⇨ 프라이팬에 마늘, 돼지고기 순으로 넣어 볶은 후, 나머지 속 재료 넣어 볶아 주기(간장, 굴소스 넣기) ⇨ 볼에 반죽 재료 모두 섞어 넣고 손반죽 ⇨ 8등분 하여 볼모양 만들기 ⇨ 하나씩 펼쳐 속재료 넣고 만두 만들 듯 감싸기

찜기의 물이 끓으면 반죽 넣어 중불 15분

강돌이의 청빵 레시피 잉니다.
함께 구워요 ~
호주가이버